Michael Groß
Invasion der Waschbären

Von Michael Groß erschienen bei Wiley-VCH auch folgende Bücher:

Groß, Michael
Von Geckos, Garn und Goldwasser
Die Nanowelt lässt grüßen
2012
ISBN: 978-3-527-33272-4

Groß, Michael
Der Kuss des Schnabeltiers
und 60 weitere irrwitzige Geschichten aus
Natur und Wissenschaft
2011
ISBN: 978-3-527-32738-6

Groß, Michael
9 Millionen Fahrräder am Rande des Universums
Obskures aus Forschung und Wissenschaft
2011
ISBN: 978-3-527-32917-5

Plaxco, Kevin W./Groß, Michael
Astrobiologie für Einsteiger
2012
ISBN: 978-3-527-41145-0

In der Reihe Erlebnis Wissenschaft erscheinen 2014:

Full, Roland
Vom Urknall zum Gummibärchen
2014
ISBN: 978-3-527-33601-2

Zankl, Heinrich/Betz, Katja
Trotzdem genial
Darwin, Nietzsche, Hawking und Co.
2014
ISBN: 978-3-527-33410-0

Hermans, Jo
Im Dunkeln hört man besser?
Alltag in 78 Fragen und Antworten
2014
ISBN: 978-3-527-33701-9

Hess, Siegfried
Opa, was macht ein Physiker?
Physik für Jung und Alt
2014
ISBN: 978-3-527-41263-1

Lindenzweig, Wilfried H.
Wissen macht schlau
Große Themen leicht erzählt
2014
ISBN: 978-3-527-33750-7

Oreskes, Naomi/Conway, Erik M.
Die Machiavellis der Wissenschaft
Das Netzwerk des Leugnens
2014
ISBN: 978-3-527-41211-2

Michael Groß

Invasion der Waschbären

und andere Expeditionen in die wilde Natur

WILEY-VCH

Verlag GmbH & Co. KGaA

Autor

Michael Groß
http://www.michaelgross.co.uk
michaelgrr@yahoo.co.uk

Titelbild
© andamanec – Fotolia.com

Alle Bücher von Wiley-VCH werden sorgfältig
erarbeitet. Dennoch übernehmen Autoren,
Herausgeber und Verlag in keinem Fall,
einschließlich des vorliegenden Werkes, für
die Richtigkeit von Angaben, Hinweisen und
Ratschlägen sowie für eventuelle Druckfehler
irgendeine Haftung.

**Bibliografische Information
der Deutschen Nationalbibliothek**
Die Deutsche Nationalbibliothek verzeichnet
diese Publikation in der Deutschen Natio-
nalbibliografie; detaillierte bibliografische
Daten sind im Internet über
http://dnb.d-nb.de abrufbar.

© 2014 WILEY-VCH Verlag GmbH & Co.
KGaA, Boschstr. 12, 69469 Weinheim,
Germany

Print ISBN   978-3-527-33668-5
ePDF ISBN   978-3-527-67927-0
ePub ISBN   978-3-527-67929-4
Mobi ISBN   978-3-527-67928-7

Umschlaggestaltung Simone Benjamin
Satz le-tex publishing services GmbH,
Leipzig, Deutschland
Druck und Bindung CPI Ebner & Spiegel,
Ulm

Gedruckt auf säurefreiem Papier.

Über den Autor

Michael Groß wurde 1963 in Kirn an der Nahe geboren. Das Schreiben liebt er, seit er in jungen Jahren für eine Schülerzeitung gearbeitet hat. Dass er sich nicht für eine journalistische Karriere, sondern für ein Chemiestudium entschied, kommt nun den Lesern seiner hintersinnig-wissenschaftlichen Texte zugute. Denn Groß schreibt mit Fachkompetenz und Witz – eine seltene Kombination und Gabe. Nach seiner 1993 abgeschlossenen Promotion an der Universität Regensburg erforschte er am Oxford Centre for Molecular Sciences die biophysikalische Chemie der Proteine. Heute schreibt er als freiberuflicher Wissenschaftsjournalist unter anderem für die Zeitschriften *Spektrum der Wissenschaft*, *Nachrichten aus der Chemie*, und *Chemie in unserer Zeit* und verfasst (populär-)wissenschaftliche Bücher. Im März 2014 erhielt er den Preis für Journalisten und Schriftsteller der Gesellschaft Deutscher Chemiker (GDCh). Michael Groß lebt in Oxford.

Inhaltsverzeichnis

Vorwort

In die Biowissenschaften bin ich als Chemiker ja eher hineinge-
rutscht – zunächst als Forscher in Sachen Biochemie, dann als Autor
mit einem mehrere Disziplinen übergreifenden Themenspektrum
von der Quantenphysik über die Chemie bis hin zur Evolutionsbiologie. Und offenbar rutsche ich immer weiter hinein.

Seit Anfang 2011 darf ich in der Fachzeitschrift *Current Biology*,
für die ich vorher bereits in unregelmäßigen Abständen gearbeitet
hatte, in jedem Heft, also zweimal im Monat, ein biologisches Thema ausführlich behandeln. Dadurch hat sich mein Themenschwer-
punkt noch weiter in Richtung Biologie verschoben. Deshalb kommt
jetzt hier das biologischste meiner Bücher, zusammengesetzt aus etwa gleichen Teilen Ökologie (Teil II) und organismischer Biologie
(Teil III). Dieses thematische Duo wird eingerahmt von einer Einführung und einem Ausblick.

Durch die intensivere Beschäftigung mit dem Leben auf der Ebene
von Organismen und Lebensgemeinschaften (anstatt von Molekülen
bis Zellen) hat sich auch meine Weltsicht geändert und es ist mir ein
wenig von meinem jugendlichen Optimismus abhanden gekommen.
Meine ersten Artikel und Bücher waren vor allem der positiven Seite
der Wissenschaft, dem Lösen von Problemen, Heilen von Krankheiten und Entwickeln besserer Technologien gewidmet. Ein Rezensent
warf mir vor Jahren sogar vor, die englische Ausgabe von »Expeditionen in den Nanokosmos« betrachtete die Nanotechnik durch die rosa
getönten Brillengläser des übertriebenen Technik-Optimismus.

Im Bereich der organismischen Biologie gibt es zwar weiterhin Er-
kenntnisgewinne zu feiern, aber im Bereich Ökologie liefert uns die
Wissenschaft überwiegend schlechte Nachrichten, vom Artensterben
bis hin zu Rückkopplungseffekten, die womöglich den Klimawandel
verschärfen. Dementsprechend gespalten ist auch der Ausblick am

Ende des Buches. Wir lernen immer mehr über die Geheimnisse des Lebens, andererseits haben wir es aber offenbar bisher nicht geschafft, unser Verhalten so zu verändern, dass wir seinen Untergang nicht weiter beschleunigen.

Faszinierend sind die Einblicke in die Wunder der Natur nach wie vor, aber auch besorgniserregend, da die Natur gerade auf den hier behandelten Ebenen höherer Komplexität bedroht ist. Nur eine kosmische Katastrophe könnte die Zellbiologie zu einem plötzlichen Ende bringen, aber Arten, Habitate und Ökosysteme sind leichter zu zerstören, wie uns die Entwicklungen der vergangenen Jahrzehnte eindrucksvoll demonstriert haben.

Mit diesen biologischen Geschichten will ich Sie deshalb nicht nur zum Staunen anregen, sondern auch zum Nachdenken darüber, was wir alle dazu beitragen können, der Zerstörung der Natur insbesondere auf den höheren Ebenen der Komplexitätsskala Einhalt zu gebieten.

Oxford, April 2014   *Michael Groß*

Teil I
Leben

1
Warum ist das Leben so kompliziert?

Bisweilen glauben wir, andere Lebewesen zu verstehen. Familienangehörige, Haustiere, BundeskanzlerInnen, Stubenfliegen, Topfblumen – sie sind alle nur Lebewesen wie du und ich, die sich ein bisschen Zufriedenheit wünschen für ihre begrenzte Lebensfrist. Wir identifizieren uns mit anderen Menschen, sogar mit nicht-menschlichen Lebewesen, und wir glauben sie zu verstehen.

Dann wieder gibt es Momente, wo wir nicht einmal die Handlungen der Angehörigen unserer eigenen Spezies begreifen können. Zum Beispiel, wenn Menschen unvollstellbar grausam, dumm, gierig, oder gleich alles auf einmal sind. Wenn die zwischenmenschliche Verständigung versagt. Wenn die Vernunft sich rar macht. Wenn Einfühlen und Mitfühlen uns plötzlich nicht mehr weiterhelfen.

Wie erklärt man Völkermord? Wie versteht man, dass Menschen verhungern, während andere im Überfluss schwelgen? Unsere mitmenschliche Solidarität und Empathie kann diese Phänomene nur beklagen, aber einleuchtende Erklärungen findet sie nicht. Warum kann das menschliche Hirn himmlische Musik oder höllische Folter ersinnen? Wir wissen es nicht.

Als Wissenschaftler, der sich überwiegend mit einfacheren Dingen beschäftigt, wundert mich dieses Versagen nicht. Lebewesen sind nun einmal extrem kompliziert. Und das menschliche Gehirn ist – zumindest solange, bis wir noch intelligentere Außerirdische entdecken – das komplizierteste System im uns bekannten Universum.

Noch unübersichtlicher wird es, wenn sieben Milliarden Gehirne auf unkontrollierte Weise miteinander wechselwirken. Es liegt in der Natur der Sache, dass einige wenige Gehirne nicht einmal näherungsweise vorhersagen können, was aus dieser potenzierten Komplexität herauskommt. Alles ist möglich, im Schlimmen wie im Guten.

Es ist eine Ironie unserer Zeit, dass die Wissenschaften, die sich mit einfacheren Dingen beschäftigen – etwa Physik, Chemie, Astro-

Invasion der Waschbären Erste Auflage. Michael Groß.
© 2014 WILEY-VCH Verlag GmbH & Co. KGaA.

nomie – im Ruf stehen, schwierig und für normale Menschen unzugänglich zu sein. Dabei ist zum Beispiel ein Stern ein überaus primitives und vorhersehbares System. AstrophysikerInnen können das Licht analysieren, das er aussendet, und dann genau vorhersagen, wie seine Zukunft verlaufen wird.

Wenn Pendel schwingen, Moleküle reagieren, Raketen ins Weltall fliegen – die verrufenen Gleichungen der harten Wissenschaften können genau beschreiben, was gerade passiert, und in vielen Fällen, außer wenn Unsicherheiten aus der Quantenwelt oder der Chaostheorie, oder menschliche Faktoren dazwischenfunken, können sie sogar die Zukunft vorhersagen. Bei lebenden Systemen ist das nicht so einfach.

Chemie, Physik, Astronomie erscheinen nur deshalb schwierig, weil wir ihre Objekte, die Atome, Moleküle Sterne und Quasare nicht anfassen oder mit unserer Lebenserfahrung begreifen können. Biologie erscheint nur deshalb einfach, weil wir Lebewesen aus eigener Anschauung kennen und – allen gegenteiligen Erfahrungen zum Trotz – zu verstehen glauben. Doch in Wirklichkeit ist lebende Materie unvorstellbar kompliziert, und höhere Organisationsstufen des Lebens umso mehr.

Bis ins 19. Jahrhundert hat man sich damit beholfen, die Biologie als rein beschreibende Wissenschaft zu betreiben, ohne weiter nach Gründen und Mechanismen zu fragen. Damit wären wir natürlich heutzutage nicht mehr zufrieden. Mit der Sammlung, Katalogisierung und Benennung des Lebendigen haben die alten Naturforscher immerhin eine Grundlage geschaffen, auf der die Wissenschaft später aufbauen konnte.

Auseinandernehmen und Zusammenbauen

Im 20. Jahrhundert setzte die Biologie ein Heilmittel gegen die Kompliziertheit der Lebewesen ein: den Reduktionismus. Insbesondere in der zweiten Hälfte des 20. Jahrhunderts haben Biologen gnadenlos und mit überwältigendem Erfolg alle komplizierten Dinge auf einfachere Bestandteile reduziert. Sie zerlegten Organismen in Organe, Organe in Zellen, Zellen in Organellen, Organellen in Moleküle. Und damit kamen sie dann in den Bereich der gesicherten Erkenntnisse, denn Moleküle kann man mit physikalischen und chemischen Methoden genauestens analysieren.

Diese Vorgehensweise hat uns vermutlich die größte Erkenntnismasse in der Kulturgeschichte der Menschheit verschafft, aber sie lässt am Ende immer einige Fragen unbeantwortet. Die Fragen nach dem Großen und Ganzen, nach der höheren Ebene, die nach dem Bewusstsein sowieso. Aber der Reduktionismus tut sich auch schwer mit komplexen Systemen aus vielen unabhängig agierenden Komponenten, die biologisch interessante Phänomene hervorbringen. Manche sprechen von »emergenten« Eigenschaften, die sich aus den komplexen Wechselwirkungen der Komponenten entwickeln, sich aber einer arithmetischen Vorhersage aus dem Verhalten der Einzelteile entziehen. Kurz gefasst: Das Ganze kann mehr als die Summe seiner Teile.

Das gilt für hinreichend komplexe Lebewesen, für Gemeinschaften von Lebewesen, und für Ökosysteme. All diese komplizierten Netzwerke von Wechselwirkungen zwischen Einzelteilen folgen zwar den physikalischen Regeln, die für die Einzelteile gelten, aber ihre Entwicklung ist deshalb noch lange nicht voraussehbar.

Ungefähr um die Jahrtausendwende ließ sich in der Biologie eine Trendwende erkennen. Stand das 20. Jahrhundert im Zeichen der Zerlegung von Organismen in ihre kleinsten Einzelteile, so interessierten sich zu Anfang des neuen Jahrhunderts plötzlich immer mehr Fachkundige für das Zusammensetzen der Einzelteile, die im vergangenen Jahrhundert so sorgfältig präpariert, sortiert, und charakterisiert worden waren.

Die »neue Welle« der Biologie wollte den Reduktionismus keinesfalls verwerfen oder schlechtreden. Es ging vielmehr darum, auf seinen Errungenschaften aufzubauen und die analytische Verständnisweise durch eine synthetische zu ergänzen. Wer ein Auto in seine Bestandteile zerlegt, gewinnt zweifellos Einsicht in die verborgenen Mechanismen seiner Funktion. Aber nur wer die Teile nachher auch wieder zu einem fahrtüchtigen Vehikel zusammensetzen kann, hat wirklich verstanden, wie es funktioniert.

Das Zusammenbauen erfolgte zunächst einmal in Computermodellen. Die exponentiell ansteigende Leistungsfähigkeit der Computer ermöglichte es bereits um die Jahrtausendwende, einfache Zellen wie etwa rote Blutkörperchen *in silico* zu simulieren. Die neue Branche der Biologie nennt sich Systembiologie, da sie jedes biologische System – sei es eine Zelle, ein Organ, ein Organismus oder ein Ökosystem – holistisch in seiner Gesamtheit zu begreifen trachtet, nicht reduktionistisch als einen Haufen Einzelteile.

Denis Noble, der selbst jahrzehntelang dem Reduktionismus frönte, verfasste mit seinem 2006 erschienenen Buch *The music of life: Biology beyond the genome* eine Art Manifest der Systembiologie. Wie der Titel bereits andeutet ist seine Leitmetapher die eines Orchesters. Es kommt nicht nur darauf an, was in der einzelnen Stimme geschrieben steht, sondern auch darauf, wie die vielen verschiedenen Stimmen zusammen erklingen.

Aber auch im Labor ging es ab der Jahrtausendwende konstruktiver zu. Im Rahmen einer weiteren neuen Teildisziplin, der synthetischen Biologie, wendeten Wissenschaftler das im 20. Jahrhundert Erlernte auf die Erzeugung von Neuem an.

Es herrschte zunächst wenig Einigkeit darüber, was synthetische Biologie eigentlich ist, da verschiedene Arbeitsgruppen ihre sehr unterschiedlichen Ansätze unter dieser Flagge scheinbar in verschiedene Richtungen steuerten (siehe [1, S. 217]). Erst als sich konkrete Erfolge abzeichneten, wurde es etwas deutlicher, wohin die Reise möglicherweise gehen könnte.

Eine für die Weltgesundheit ebenso wie für die Wissenschaft wichtige Errungenschaft war die 2006 berichtete Umprogrammierung von Hefen zur Herstellung eines entscheidenden Zwischenprodukts für die Synthese des Malariamittels Artemisinin, dessen Gewinnung aus natürlichen Quellen zu kostspielig und unzuverlässig ist, um eine dauerhafte medizinische Versorgung gewährleisten zu können.

Mit enormem Aufwand schleusten Forscher in Kalifornien einen kompletten neuen Stoffwechselweg in die Hefen ein, der – ausgehend von einer neuen Abzweigung im normalen Hefe-Stoffwechsel – in vier Synthesestufen das gewünschte Produkt Artemisininsäure liefert. Diese kann dann mit einfachen chemischen Verfahren in das Malariamedikament umgewandelt werden.

Inzwischen hat die industrielle Anwendung dieses Verfahrens bereits begonnen. Im April 2013 eröffnete die französische Pharma-Firma Sanofi in Garessio in Italien die erste Produktionsstätte für Artemisinin, die mit demselben Prinzip arbeitet, obwohl Sanofi für die letzten Schritte der Synthese eigene Verfahren entwickelte. Sanofi will bereits 2014 eine Jahresproduktion von 50 bis 60 Tonnen erreichen, was etwa ein Drittel des weltweiten Bedarfs abdeckt.

Andere Forscher demonstrierten die Möglichkeiten der synthetischen Biologie mit Modellprojekten, indem sie zum Beispiel Darmbakterien mit eigenen Blinklichtern ausstatteten. Mit solchen Spielereien gibt sich der Genom-Pionier Craig Venter natürlich nicht ab, der die Schrotschussmethode zur Sequenzierung mikrobieller Genome einführte und dann mit seinem privat finanzierten Konkurrenzprojekt zur Erstsequenzierung des menschlichen Genoms weltberühmt wurde. Für ihn bedeutet synthetische Biologie nicht weniger als neues Leben zu erschaffen. Seinem Team konnte im Jahre 2010 eine neue Bakterienart mit einem vollständig synthetischen Genom präsentieren. Zwar handelt es sich bei dem Genom im Wesentlichen um eine chemische Abschrift des Genoms einer bekannten Art, bereichert nur um einige Markierungen und Gimmicks, aber Venter betont gerne, dass es sich bei dieser Errungenschaft um die »Schöpfung« einer neuen Lebensform handelt.

Ein weiterer Wissenschaftszweig, der ähnliche Ambitionen hegt, ist die Kybernetik. Biomimetische Maschinen und einfache Roboter gibt es ja bereits seit Jahrzehnten, aber dank der Fortschritte beim Verständnis der Biologie auf der Ebene ihrer Bausteine und neuerdings auch auf der Systemebene, und auch dank der Fortschritte in der Halbleitertechnik ist die Herstellung von Robotern, die immer überzeugender lebendig wirken, sowie von funktionellen und nützlichen Hybriden aus biologischen und technischen Systemen inzwischen möglich. Die Frage ist nur, welche Arten von Robotern und Hybriden wirtschaftlich überlebensfähig und gesellschaftlich akzeptabel sein werden. Auf diese Frage werden wir im letzten Kapitel dieses Buches zurückkommen.

Global denken

Lebende Organismen sind so schwierig, dass wir erst jetzt wirklich beginnen können, sie zu begreifen. Noch komplizierter wird die Sache allerdings, wenn wir Gemeinschaften von Organismen und deren Wechselwirkung mit ihrer Umwelt betrachten. Dies ist Aufgabe der Ökologie, und die hat natürlich im Groben bereits eine Vorstellung davon, wie die diversen Lebensformen in einem Geflecht von Wechselwirkungen zusammenhängen, aber was genau passiert, wenn eine Art aus dem System herausgenommen wird, oder eine in dem betrachteten Gebiet nicht einheimische Art neu eingeführt wird, das lässt sich nicht immer vorausberechnen.

Veränderung liegt in der Natur der Biologie – Arten evolvieren, passen sich an ihre Umweltbedingungen an, spalten sich in neue Arten auf, sterben aus. Neu hinzugekommen ist allerdings der auf globaler Ebene Chaos stiftende Beitrag des Menschen. Wir treiben Handel rund um die Welt, transportieren Pflanzen und Tiere, manchmal absichtlich, oft unbeabsichtigt, auf andere Erdteile, tragen zur Verbreitung von Krankheitskeimen bei, und bringen auf diese Weise ökologische Gleichgewichte mit einer Reichweite und Geschwindigkeit durcheinander, auf die die Natur nicht eingestellt ist.

Ebenso wichtig ist auch die Wechselwirkung der Lebewesen mit der Geosphäre, also mit den unbelebten Komponenten des Gesamtsystems Erde. Das Überleben der Arten hängt von geeigneten Klimabedingungen ab, und geologische Katastrophen wie Vulkanausbrüche, Fluten, etc. können es gefährden. Auch hier gilt, dass Veränderungen (und auch das gelegentliche Aussterben von Arten) zum normalen Ablauf gehören, aber wir Menschen haben das Tempo der Änderungen und Artenverluste dramatisch beschleunigt.

Auch in der Vergangenheit hat sich die Zusammensetzung der Atmosphäre geändert, aber nie so drastisch in so kurzer Zeit wie sie sich gegenwärtig ändert, da wir drauf und dran sind, den Kohlendioxidgehalt zu verdoppeln. (Im Mittelalter enthielt die Atmosphäre rund 280 ppm Kohlendioxid, im Sommer 2013 hat die seit den 1960er-Jahren in Hawaii durchgeführte Messung erstmals 400 ppm erreicht.) Lässt man die rund dreieinhalb Milliarden Jahre der Geschichte des Lebens auf der Erde im Zeitraffer ablaufen, so ändert sich die Zusammensetzung der Atmosphäre, das Klima, und auch die Oberfläche der Kontinente dramatisch – allerdings immer auf einer Zeitskala, die in Jahrtausenden zählt statt in Tagen.

Zur Zeit der Dinosaurier war unser Planet sehr viel wärmer als heute und hatte auch einen ausgeprägteren Treibhauseffekt dank höherer Kohlendioxidkonzentrationen in der Atmosphäre. Dementsprechend war der Meeresspiegel deutlich höher und es gab keine Eiskappen in den Polargebieten. Erst vor gut 30 Millionen Jahren kühlte sich die

Erde soweit ab, dass sich die heute vorhandene dauerhafte Eisschicht auf Antarktika etablieren konnte. Geologische Ereignisse wie Klimaschwankungen, Meteoriteneinschläge und ungewöhnlich heftige Vulkanausbrüche haben auch immer wieder die Biosphäre in Mitleidenschaft gezogen und massenhaftes Artensterben verursacht. Auch heute erleben wir Klimawandel und Artensterben – der Unterschied ist nur der, dass der Wandel um mehrere Größenordnungen schneller verläuft als bisher, und dass wir Menschen ihn ausgelöst haben.

Wie die Geologen Jan Zalasiewicz und Mark Williams in ihrem Buch *The goldilocks planet: The 4 billion year story of Earth's climate* nach einer Zeitraffer-Analyse der Wandlungen des Erdklimas folgern: »Wir schaukeln gerade das Boot, das in der Vergangenheit eine fatale Neigung zum Kentern gezeigt hat.« Und natürlich ist es bislang das einzige Boot, auf dem die Menschheit in einem überwiegend lebensfeindlichen Weltall überleben kann.

Das Leben verstehen lernen

Merke: Das Leben ist eine scheußlich komplizierte und unübersichtliche Angelegenheit. Wer als wissenschaftlich interessierter Mensch solche Komplikationen vermeiden will, beschäftigt sich mit reiner Mathematik, die ist noch sauber und ordentlich, notfalls mit Physik oder gerade eben noch Chemie.

So erging es auch mir – vor den Unwägbarkeiten des Lebens fand ich Zuflucht in Mathematik, Physik, Chemie. Erst als die »Moleküle des Lebens« (so hieß ein Sonderheft von *Spektrum der Wissenschaft* Mitte der 1980er) meine Aufmerksamkeit fanden, dämmerte es mir, dass die Grenze des genau Erfassbaren sich mit der Zeit verschiebt. Die Biologie, die sich zu Zeiten meiner Großeltern noch auf das Beschreiben und Katalogisieren von Orchideen und ähnlich deskriptive Unternehmungen kapriziert hatte, war inzwischen eine molekulare Wissenschaft geworden.

Gerade die Botanik zeigt, wie verschieden man die Wissenschaft vom Leben angehen kann. Botaniker des 19. Jahrhunderts sammelten Blüten, Blätter und Samen in Herbarien und ordneten sie Arten und Gattungen zu. Das ist zweifellos wichtig und wir werden im nächsten Kapitel sehen, dass es heute noch der Wissenschaft dient, aber es zählt nicht gerade zu den Dingen, die einen Chemiker in Verzückung bringen könnten.

Heute denken wir bei Pflanzen an interessante Wirkstoffe wie Nikotin, Aspirin oder das Krebsmedikament Taxol. Wir können die Entwicklungii eines Samens zur Pflanze, zur Knospe, zur Blüte und letztendlich zur Frucht im Zeitraffer filmen und sehen so die genetisch programmierten Abläufe der Entwicklungsbiologie in einer Deutlichkeit vor Augen, die bei uns Säugetieren, die wir die interessantesten Veränderungen in der Gebärmutter verstecken, bei weitem nicht so leicht zu erreichen ist. (Und übrigens: Warum schmücken wir unsere Wohnungen mit den Geschlechtsorganen von Pflanzen, während wir unsere eigenen um Himmels willen bloß gut bedeckt halten müssen? Der Umgang des Menschen mit der Biologie ist manchmal sehr mysteriös.)

Wir können die Evolution des Ginkgo-Baums studieren, einer Gattung, welche den ersten und den letzten Dinosauriern Schatten bot. Warum ist der Ginkgo immer noch da, obwohl die Pflanzenwelt doch inzwischen modernere Fortpflanzungsmethoden (Blüten und Früchte) erfunden hat und seine Urzeit-Genossen ausgestorben oder bis zur Unkenntlichkeit verändert sind? Näheres dazu steht in Kapitel 15.

Allein die Pflanzen bieten uns so vielerlei, das über die reine Formenvielfalt und -schönheit hinausgeht. Sie produzieren Duftstoffe, Aromen, Toxine, psychoaktive Substanzen, sie entwickeln sich, coevolvieren mit den Menschen (und anderen Tieren), die ihre Früchte essen, sie haben springende Gene und betreiben Photosynthese, sie verbrauchen das Kohlendioxid, von dem wir Menschen viel zu viel in die Atmosphäre pusten, kurzum, auch für die exakten Wissenschaften gibt es bei den Pflanzen viel zu untersuchen. Und natürlich ebenso bei den Tieren, und bei den Mikroben.

Als ich im Jahre 1993 als Doktorand in physikalischer Biochemie damit anfing, regelmäßig wissenschaftsjournalistische Beiträge zu schreiben, waren diese meist in der Welt der Moleküle angesiedelt. Natürlich kamen auch Pflanzen, Tiere, sogar Menschen vor, aber nur als Kulisse, als Rahmen für die Abenteuer der Moleküle des Lebens, als Träger von Genen und Reaktionsräume für Enzyme. Vor allem spielte sich die Handlung in der fremdartigen, aber für unser Leben so wichtigen Größenordnung der Nanometer ab, in der Welt, die ich den Nanokosmos nannte.

Bakterien waren von Anfang an dabei, aber höhere Lebewesen und ihre komplexen Gemeinschaften kamen erst langsam hinzu. Für einen Chemiker liegen ja diese Welten erst einmal weit entfernt. Allerdings gibt es, unter anderem dank der oben aufgezeigten Entwicklungen der Systembiologie und synthetischen Biologie, immer mehr Verbindungen zwischen den einst so streng getrennten Disziplinen und ihren parallelen Ebenen.

Interdisziplinäre Forschung ist seit Ende des 20. Jahrhunderts ein wichtiges Schlagwort geworden. Die Biologie verwendet heute ganz selbstverständlich auch Methoden der Mathematik, Physik und Chemie. Damit öffnet sie sich gleichzeitig auch für die Wissbegierigen, die sich nicht ganz so sehr für das Sammeln von Blümchen und Schmetterlingen, sondern mehr für Zahlen und Gleichungen interessieren.

Im Laufe dieser Entwicklung haben sich auch Themen aus der organismischen Biologie und der Ökologie in meine Artikel eingeschlichen. Diese Themen sind ja auch im Zusammenhang mit den globalen Umweltproblemen, die wir Menschen so frohgemut erzeugen und verschärfen, überaus wichtig. WissenschaftlerInnen rechnen ganz ernsthaft nach, ob wir die Artenvielfalt unseres Planeten überhaupt noch angemessen erfassen können, bevor wir sie auslöschen.

Deshalb kommt hier, im Zeichen des Waschbärs, eines putzigen Tierchens, das allerdings in Europa ein von Menschen eingeschleppter Fremdling ist und zur Plage zu werden droht (Kapitel 8), eine Zusammenstellung von biologischen und ökologischen Geschichten, die sich mit den faszinierenden Fähigkeiten der Organismen und der Komplexität ihrer Gemeinschaften befassen.

Diese Dinge sind kompliziert, zugegeben, aber da wir Menschen mit unserem explosiven Wachstum die komplexen biologischen Zusammenhänge unseres Planeten durcheinanderbringen, müssen wir diese auch verstehen, um größere Schäden zu vermeiden. Als Belohnung winken flüchtige Augenblicke, in denen wir glauben können, das Leben zu verstehen.

Teil II
Zusammen leben

In diesem Teil des Buches geht es um Ökologie und Evolution, also darum, wie die Arten in Raum und Zeit zusammen leben und sich dabei verändern.

2

Mauerblümchen warten auf ihre Entdeckung

Wie viele Arten von Lebewesen bisher noch unentdeckt geblieben sind, ist äußerst schwer abzuschätzen. Da die von menschlichen Aktivitäten ausgelösten Umweltveränderungen derzeit ein dramatisches Artensterben bewirken, sehen viele Biologen sich in einem Wettlauf mit der Zeit. Können wir die biologische Vielfalt der Erde wenigstens noch katalogisieren, bevor wir sie vernichten? Angesichts dieses Dilemmas ist es schon beinahe beruhigend zu erfahren, dass rund die Hälfte der bisher unbekannten Pflanzenarten bereits in den Schubladen von Herbarien liegen und nur noch auf ihre Identifizierung warten.

Schätzungen zufolge machen die bereits wissenschaftlich erfassten Blütenpflanzen rund 80 % der Artenvielfalt in dieser Gruppe aus. Dies bedeutet, dass 70 000 Arten noch wie das sprichwörtliche Mauerblümchen ihrer Entdeckung harren. Statistische Analysen des Entdeckungsvorgangs legen nun nahe, dass rund die Hälfte dieser »fehlenden« Arten bereits eingesammelt wurden und fein säuberlich auf einem Pappkarton montiert in einer Schublade in einem der zahlreichen Herbarien liegen. Es muss sie nur noch jemand identifizieren und ihnen einen Namen geben.

Robert Scotland von der Universität Oxford und Dan Bebber von der Organisation Earthwatch haben zusammen mit Kollegen von Botanischen Gärten rund um den Globus systematisch analysiert, wieviel Zeit zwischen dem Auffinden einer neuen Pflanze in der Natur und der offiziellen Beschreibung als neue Art verstreicht [2]. Die Pflanzen verbrachten zwischen einem Jahr und 210 Jahren in der Warteschleife, wobei der Median (die Zeit, nach der genau die Hälfte bereits erkannt war) bei 25 Jahren lag.

Natürlich kann dieser Wert immer noch zu niedrig liegen, da eine unbekannte Zahl von Arten mit extrem langer Verzögerung womöglich bis heute nicht entdeckt wurde.

Invasion der Waschbären Erste Auflage. Michael Groß.
© 2014 WILEY-VCH Verlag GmbH & Co. KGaA.

Scotland selbst hat Pflanzen der Gattung *Strobilanthus* untersucht, was zur Identifizierung von 60 neuen Arten führte. Eine der neu identifizierten Pflanzen war 1885 eingesammelt worden und musste 121 Jahre auf ihre wissenschaftliche Einordnung warten. Gegenwärtig werden pro Jahr etwa 2000 neue Arten von Blütenpflanzen beschrieben, aber es ist zu erwarten, dass diese Ausbeute langsam abnimmt, wenn der Vorrat an noch unerkannten neuen Arten zur Neige geht. Die bereits gesammelten und noch nicht identifizierten Arten, die laut Extrapolation der Statistik im Mittel innerhalb der nächsten 25 Jahre identifiziert werden sollten, werden also nicht 50 000 erreichen, doch die Forscher schätzen, dass gegenwärtig mehr als 35 000 Arten, also mehr als die Hälfte der vermutlich noch fehlenden, bereits in Herbarien vorliegen und auf ihre Identifizierung warten.

Diese überraschende Erkenntnis hat naheliegende Implikationen für die Forschungsförderung – anstatt eine größere Zahl von Expeditionen in den Urwald zu schicken, könnte man die Ausweitung des botanischen Wissens wirkungsvoller beschleunigen, wenn man die botanischen Gärten mit mehr Fachpersonal ausstattet, damit die Wartezeit reduziert werden kann. Derzeit fehlt es den Einrichtungen einfach an qualifiziertem Personal, das die vorhandenen Funde identifizieren könnte. Und wenn die Bedeutung einer Pflanze nicht gleich erkannt wird, kann sie schon mal in der falschen Schublade landen und dort einige Jahrzehnte lang verkümmern.

Um jene Pflanzen zu identifizieren, die noch nicht in den Herbarien vorhanden sind, wird man allerdings weiterhin auch Expeditionen in die Wildnis schicken müssen. Das Argument dafür, diesen Teil der Forschung zu verstärken, wäre nicht der rasche Erkenntnisgewinn, sondern die Erfassung von Arten, die womöglich in einigen Jahren oder Jahrzehnten vom Erdboden verschwunden sein werden.

Das Wissen um die Artenvielfalt der Blütenpflanzen ist nicht nur für die Botaniker relevant, es hilft auch mit, Probleme der Ökologie und die Auswirkungen menschlicher Aktivitäten sowie des Klimawandels auf die Natur besser zu verstehen. Wie wir in einem späteren Kapitel sehen werden (Kapitel 17), kann zum Beispiel die Katalogisierung der Flora am Waldboden darüber Aufschluss geben, wie stark der Wald die Folgen des Klimawandels abbremsen kann.

3
Sag mir wo die Bienen sind

Das mysteriöse Verschwinden ganzer Bienenvölker und der Arten-
schwund bei Hummeln bedrohen die Landwirtschaft in Europa und
Nordamerika. An beiden Phänomenen sind vermutlich mehrere Faktoren beteiligt, und auch Pflanzenschutzmittel stehen unter Verdacht.

Im Frühling 2007 verzeichneten Imker in den USA katastrophale
Verluste an Bienenvölkern. Scheinbar gesund aussehende Bienenstö-
cke blieben verwaist, da ihre Bewohner offenbar den Heimweg nicht
mehr fanden. Auch wurden keine verendeten Insekten in der Nähe
gefunden. Mangels einer Erklärung wurde das Phänomen als Colony
Collapse Disorder (CCD) verbucht. Es trat auch in den folgenden Jahren in wechselnder Intensität wieder auf.

Dass ein gewisser Anteil der Bienenvölker, etwa 7–10 %, den Winter nicht überlebt, gilt als normal. In den von CCD betroffenen Gebieten sind die Verlustraten jedoch oft deutlich höher. Im Winter
2007/2008 verloren US-Imker 36 % der Völker; in Großbritannien
waren es 30,5 %. Für Deutschland ermittelte die Arbeitsgemeinschaft
der Institute für Bienenforschung eine geringere Verlustquote von
12,8 %, wobei aber starke regionale Unterschiede auftraten.

Naturschützer haben wenig Mitleid mit den Imkern in den USA,
da die europäische Honigbiene (Apis mellifera) dort sowieso nicht beheimatet ist und in einem ganz und gar nicht artgerechten Stil groß-
industriell ausgebeutet wird. Imker fahren ganze LKWs voller Bie-
nenstöcke kreuz und quer über den Kontinent, um großflächigen, in
Monokultur angelegten Plantagen ihre Bestäubungsdienste anzubie-
ten [3]. In Europa, wo die Imkerei weniger stark industrialisiert ist,
verwendet man hingegen »bienenfreundlichere« Methoden und hat
bisher auch geringere Verluste zu beklagen.

Ein örtlich begrenztes Bienensterben in Baden-Württemberg im
Jahr 2008 wurde mit unsachgemäßer Anwendung eines Pestizids,

Invasion der Waschbären Erste Auflage. Michael Groß.
© 2014 WILEY-VCH Verlag GmbH & Co. KGaA.

des Neonicotinoids Clothianidin (Markenname: Poncho Pro), in Verbindung gebracht. Der Hersteller, die Bayer AG, zahlte eine Entschädigung von zwei Millionen Euro an rund 700 betroffene Imker.

Genom-Untersuchungen

Das umfassendere Bienensterben in den USA hingegen lässt sich immer noch nicht mit einer definierten Ursache in Verbindung bringen. Die Arbeitsgruppe von May Berenbaum an der University of Illinois in Urbana-Champaign hat das Genom der Bienen nach Genen abgesucht, die in von CCD betroffenen Tieren stärker aktiv sind als in historischen Proben aus der Zeit vor CCD [4].

Die Untersuchung ergab mehrere Überraschungen. Zum einen hätten die Forscher erwartet, dass Gene, die bekanntermaßen mit der Immunantwort in Verbindung stehen, bei den betroffenen Insekten aktiviert sein müssten, doch eine solche Mobilisierung der Krankheitsabwehr konnte man nicht nachweisen. Aktiviert waren hingegen Gene, die nach bisherigem Stand der Wissenschaft auf dem verwendeten DNA-Chip gar nicht auftauchen dürften.

Es handelte sich um einen sogenannten DNA-Array, also einen Chip, der viele verschiedene DNA-Abschnitte trägt. Auswahlkriterium war, dass die entsprechende RNA-Abschrift in der Zelle einen Poly-A-Marker trägt. Diese Markierung kennzeichnet das Ende von Boten-RNAs, die dann als Vorlage für die Herstellung von Proteinen dienen. Sie sollte aber bei RNA-Molekülen, die einem anderen Zweck dienen, etwa den ribosomalen und Transfer-RNAs, fehlen.

Zu ihrer Überraschung fanden die Forscher, dass sich auch ribosomale Sequenzen in ihren DNA-Array eingeschmuggelt hatten. Daraus muss man schließen, dass in der Zelle, im Gegensatz zu bisherigem Lehrbuchwissen, auch mit poly-A markierte ribosomale RNA auftritt. Und genau diese ribosomalen Sequenzen scheinen bei den von CCD betroffenen Bienen aktiviert zu sein.

Dieses unerwartete Ergebnis fügt dem bereits mysteriösen Phänomen CCD noch ein weiteres Rätsel hinzu, doch die Forscher hoffen, dass es als Methode zur Diagnose von CCD dienen kann. Sie spekulieren, dass die Aktivierung dieser RNA-Synthese eine noch nicht bekannte Nebenwirkung der Infektion mit Picorna-Viren ist. Tatsächlich fanden sie auch einige Vertreter dieser Gruppe von Viren, die auch mit CCD in Verbindung gebracht wird, in den CCD-Proben häufiger als in den historischen Proben. Viele andere Faktoren wurden ebenfalls als mögliche Gründe des Bienensterbens diskutiert, darunter natürliche Schädlinge wie die Varroa-Milbe und die Pilzkrankheit Nosema, neuartige Pflanzenschutzmittel, und sogar die Mikrowellen-Strahlung der Handys. Die Handys hat man inzwischen vom Verdacht des Bienenmords freigesprochen, und es zeichnet sich ab, dass vermutlich Kombinationen der übrigen Faktoren für das Verschwinden der Bienenvölker verantwortlich sind. Sowohl eine bisher unveröffentlichte Studie des Bienenlabors der US-Regierung, als auch ein Paper aus dem INRA-Institut für Bienenforschung in Avignon [5] kommen zu dem Schluss, dass die schädlichen Auswirkungen des Pilzbefalls mit Nosema und die Toxizität der neuartigen Pestizide aus der Gruppe der Neonicotinoide sich gegenseitig verstärken können.

Systemischer Pflanzenschutz

Die Neonicotinoide gehören zu einer neuartigen Gruppe von sogenannten systemischen Pflanzenschutzmitteln. Die grundlegende Idee ist, dass man die Samen mit solchen Mitteln behandelt, und dieses sich dann auf alle Teile der Pflanze verteilt. Die Methode sollte umweltfreundlicher sein, da man nicht den ganzen Acker mit Gift besprühen muss. Lediglich Schädlinge, die an den Pflanzen knabbern, bezahlen dies mit dem Leben. Aber vergiften die Mittel vielleicht auch die nützlichen Insekten, wenn diese die Pflanzen lediglich bestäuben?

Dieser Verdacht begleitet die Mittel seit Jahren. In Frankreich wurden sie deshalb bereits 1999 verboten. Allerdings kam es nach dem Inkrafttreten des Verbots nicht zu einer messbaren Erholung der Bestände von Bienen und anderen nützlichen Insekten.

Die Hersteller, darunter auch Bayer, bestehen darauf, dass die Mittel bei richtiger Anwendung für Bienen und andere Bestäuber harmlos sind. Nur bei unsachgemäßer Handhabung, sagen sie, können Neonicotinoide Schäden wie das bereits erwähnte Bienensterben in Baden-Württemberg im Frühling 2008 auslösen.

Kritiker wenden ein, dass die Auswirkungen von subletalen Dosen auf das Verhalten der Bienen (z. B. Orientierungsverlust) und die

Wechselwirkungen zwischen Neonicotinoiden und anderen Faktoren nicht hinreichend untersucht sind, um deren Unschuld zu beweisen. Ebenso wie das Nicotin im Tabak (ein natürliches Pflanzenschutzmittel), ahmen Neonicotinoide den Neurotransmitter Acetylcholin nach. Sie werden allerdings nicht von den Enzymen (Cholinesterasen) erkannt, welche die Acetylcholinsignale inaktivieren. Es kommt deshalb zu einer Anreicherung von falschen Signalen, die das Insekt verwirren können. Es erscheint also plausibel, dass diese Mittel auch in Mengen, die sonst keine sichtbaren Gesundheitsschäden auslösen, womöglich dazu beitragen, dass Bienen ihren Heimweg nicht finden.

Was hat es nun mit der Wechselwirkung von Neonicotinoiden und Nosema-Befall auf sich? Die Forschergruppe in Avignon fand heraus, dass eine Kombination von Nosema und Neonicotinoid-Konzentrationen, wie sie in der Umwelt vorkommen, im Vergleich zu den einzelnen Faktoren zu stark erhöhter Bienensterblichkeit führt. Sie vermuten, dass der hohe Energieverbrauch des parasitären Pilzes die Bienen ungewöhnlich hungrig macht, und dass sie deshalb größere Mengen von der mit Pestizid belasteten Nahrung aufnehmen.

Hummelschwund

Die seit Jahrtausenden domestizierte Honigbiene ist zwar enorm wichtig für zahlreiche landwirtschaftliche Produkte (und für alle, die gern Honig essen), doch erledigt sie die Bestäubungsarbeit nicht alleine. Wild lebende Insektenarten, darunter vor allem zahlreiche Hummelarten, leisten ebenso wichtige Beiträge. Auch diese nützlichen Insekten sind Bedrohungen ausgesetzt – in diesem Fall ist es vor allem der Verlust des Lebensraums, der ihr Wohlergehen gefährdet.

Eine systematische Untersuchung der Verbreitung von acht Hummelarten in Nordamerika im Vergleich mit deren historischem Vorkommen [6] zeigte, dass das Verbreitungsgebiet von vier der acht Arten in den vergangenen Jahrzehnten bedrohlich geschrumpft ist. Auch Hummeln leiden unter Nosema-Infektionen (es handelt sich um eine hummelspezifische Art, *Nosema bombi*). Die Forscher konnten nachweisen, dass die vier im Rückgang befindlichen Arten stärker mit Nosema durchseucht waren als die vier beständigen Arten. Allerdings ist dies noch kein Beweis eines ursächlichen Zusammenhangs.

Genetische Untersuchungen zeigten, dass die bedrohten Hummelarten geringere genetische Vielfalt aufwiesen als die gedeihenden. Bemerkenswerterweise betreffen die Probleme in Nordamerika vor allem Hummelarten, die vorher ein sehr großes Verbreitungsgebiet mit einer breiten Variation von Klimabedingungen hatten. Frühere Untersuchungen in Europa legten hingegen nahe, dass Hummelarten, die auf einen sehr engen klimatischen Rahmen spezialisiert sind, schneller dahinschwinden, wenn sich ihre Lebensraumbedingungen ändern.

Monokultur und der Verlust von geeigneten Nistplätzen macht den Hummeln natürlich überall zu schaffen, doch können sie andererseits auch von der unnatürlichen Blumenpracht in den Gärten der Vorstädte profitieren. Zum Beispiel hat sich die europäische Baumhummel (*Bombus hypnorum*) in den letzten Jahren immer weiter ausgebreitet und hat den Sprung nach Großbritannien geschafft, wo sie seit der Jahrtausendwende immer öfter gesehen wird.

Subletale Effekte

Im Frühjahr 2013 beschloss die Europäische Kommission ein EU-weites Verbot der am häufigsten verwendeten Neonicotinoide. Ausnahmen sind lediglich in Gewächshäusern und außerhalb der saisonalen Aktivitätsphasen der Bienen erlaubt. Das Verbot trat im Dezember 2013 in Kraft und soll zunächst für zwei Jahre gelten.

Ausschlaggebend für diese recht drastische Maßnahme waren die sich mehrenden Hinweise darauf, dass Neonicotinoide selbst in Konzentrationen, die auf das einzelne Insekt nicht tödlich wirken, das Gedächtnis und Sammelverhalten der Bestäuber so beeinträchtigen können, dass das Überleben ganzer Völker gefährdet wird.

Blüten sind eine notorisch unzuverlässige Nahrungsquelle, und der Lebensstil der bestäubenden Insekten ist ganz empfindlich davon abhängig, dass sie sich merken, wo es gerade Nahrung gibt, und diese Information auch an ihre Stammesgenossen weitergeben. Selbst subtile Beeinträchtigungen ihrer Hirnfunktion können deshalb bereits schwerwiegende Auswirkungen haben. Und wie das Gedächtnis der Insekten mit diversen Chemikalien beeinflusst wird, das beginnt die Forschung gerade erst zu verstehen (siehe Kasten *Koffein stärkt Gedächtnis der Bienen*).

Um diese subtilen Effekte von Chemikalien auf das Verhalten von Insekten besser untersuchen zu können, statteten Axel Decourtye aus Avignon und Monique Gauthier in Toulouse Bienen mit Radiosendern aus und zeigten in einer Feldstudie, dass gängige Konzentrationen von Neonicotinoiden ihr Verhalten beeinträchtigen. Mickael Henry und Kollegen in Avignon benutzten dieselbe Methode, um zu zeigen, dass das Neonicotinoid Thiamethoxam den Sammelerfolg der Bienen schmälert und unter Umständen dazu führen kann, dass sie den Heimweg nicht mehr finden [7].

In Laborexperimenten mit klassischen Konditionierungsbedingungen konnten Sally Williamson und Geraldine Wright von der Universität Newcastle (Großbritannien) zeigen, dass das Neonicotinoid Imidacloprid und der gegen Varroa-Milben eingesetzte Thiophosphorsäureester Coumaphos in realistischen Mengen, wie Bienen sie in der Umwelt antreffen, ihr Gedächtnis und ihr Lernvermögen beeinträchtigen. Schlimmer noch, wenn die Insekten beiden Substanzen ausgesetzt sind, dann addieren sich die schädlichen Effekte [8].

Evolutionsbiologisch gesehen mag die Anfälligkeit der Bienen und Hummeln auch daran liegen, dass bestäubende Insekten daran gewöhnt sind, von den Pflanzen gut behandelt zu werden – im Gegensatz zu pflanzenfressenden Insekten, die mit Abwehrmaßnahmen rechnen müssen. Demzufolge sind Bienen und Hummeln vergleichsweise schlecht für die Entsorgung von Giftstoffen ausgerüstet. Das sieht man unter anderem daran, dass das Genom der Honigbiene nur recht wenige Enzyme aus der Familie der P450-Cytochrome enthält, die oft der Entgiftung organischer Substanzen dienen.

Eine Untersuchung der neurologischen Auswirkungen der Neonicotinoide Imidacloprid und Clothianidin und des Thiophosphorsäureesters Coumaphos zeigte, dass die Substanzen Neuronen im Pilzkörper hemmen, der als Sitz des Gedächtnisses bei Insekten gilt (siehe auch Kasten *Koffein stärkt Gedächtnis der Bienen*). Wiederum zeigten sich die schädlichen Auswirkungen bereits bei Konzentrationen, wie sie in der Umwelt vorkommen, und wiederum addierten sich die Effekte bei Anwesenheit mehrerer Schadstoffe [9].

Gesunde Ernährung für Bestäuber

Neben dem Gedächtnis steht jetzt auch die gesunde Ernährung der Bestäuber im Mittelpunkt des Forschungsinteresses. Die oben erwähnte Studie zur kombinierten Wirkung von Nosema-Befall und Neonicotinoiden hatte bereits gezeigt, dass die Ernährung der Bienen ein Knotenpunkt ist, durch den die negativen Effekte einander verstärken können.

Anfang 2013 berichtete die Arbeitsgruppe von May Berenbaum an der University of Illinois in Urbana-Champaign, dass die Nahrungsvorräte, die Bienen in ihrem Stock anlegen, schützende Wirkstoffe enthalten, welche Gene für Entgiftungs-Enzyme aus der Familie der P450-Cytochrome aktivieren [10]. Honig enthält zum Beispiel para-Cumarsäure (3-Hydroxy-Zimtsäure) sowie Pinocembrin und Pinobanksin-5-Methylester.

Berenbaum und ihre Mitarbeiter konnten zeigen, dass diese Naturstoffe den Bienen helfen, Coumaphos zu verstoffwechseln. Wenn Imker den Honig durch Maissirup ersetzen, entziehen sie somit ihren Bienen einen wichtigen Schutz vor Giftstoffen.

Derart komplexe Wechselwirkungen zwischen Pestiziden, Umweltbedingungen und natürlichen Abwehrstoffen werden weder bei den gängigen Labortests der Hersteller noch in den gesetzlichen Regelungen berücksichtigt. Die toxische Wirkung einer einzelnen Substanz kann man im Laborexperiment leicht quantifizieren. Sehr viel schwieriger ist es, die Kombinationen von chemischen und anderen Stressfaktoren zu simulieren, denen Bienen und andere Insekten bei ihrer Bestäubungsarbeit begegnen.

Die Gruppe von Nigel Raine an der Universität London hat untersucht, wie solche Kombinationseffekte sich auf Hummeln (speziell auf die Dunkle Erdhummel, *Bombus terrestris*) auswirken, sowohl auf die einzelnen Tiere als auch auf die ganze Kolonie [11]. Da Hummeln sehr viel kleinere Völker bilden als Bienen, kann man bei ihnen leichter den Zusammenhang zwischen der Gesundheit einzelner Individuen und dem Wohlergehen des Volkes untersuchen.

Die Forscher stellten zwei Nahrungsquellen in der Nähe eines Hummelnests auf, wobei die eine das Neonicotinoid Imidacloprid, die andere das Pyrethroid lambda-Cyhalothrin enthielt. Die Ergebnisse zeigten, dass diese beiden Pestizide das natürliche Sammelverhalten der Hummeln durcheinanderbrachten und die Sterblichkeit der einzelnen Insekten erhöhten. Diese Symptome hatten auch einen durchschlagenden Effekt auf die Produktivität des ganzen Hummelvolks und waren wiederum additiv.

Im direkten Vergleich zwischen Bienen und Hummeln fanden James Cresswell und Mitarbeiter an der Universität Exeter, England, dass Hummeln offenbar noch empfindlicher auf das Neonicotinoid Imidacloprid reagieren als Bienen [12]. Anschließend untersuchte Cresswells Gruppe auch, wie der Stoffwechsel der Insekten mit dem Pestizid umgeht. Auch hier schnitten die Honigbienen ein wenig besser ab, da sich weniger Gift in ihren Organen anreicherte [13].

Das ab Dezember 2013 zunächst für zwei Jahre in der EU gültige Verbot von Neonicotinoiden gibt der Forschung ein wenig Zeit, die komplexen Zusammenhänge besser zu verstehen und womöglich bessere Anwendungsweisen vorzuschlagen. Ob die Mittel zum Wohle der nützlichen Insekten danach längerfristig aus dem Verkehr gezogen werden müssen ist bisher noch völlig offen.

Auswirkungen auf die globale Landwirtschaft?

Die gleichzeitige Gefährdung der domestizierten Honigbiene und der wilden Nutzinsekten wie der Hummel stellt eine enorme Bedrohung für die Landwirtschaft in den betroffenen Gebieten dar, doch kann sie auf globaler Ebene die Lebensmittelproduktion der Menschheit gefährden? Ein im Frühjahr 2011 veröffentlichter Bericht der UNO-Umweltorganisation UNEP (United Nations Environment Programme) kam zu dem Schluss, dass die bisher verfügbaren Daten nicht ausreichen, um eine globale Ernährungskrise durch Ausfall der Bestäubungsdienste vorherzusagen [14].

Der Bericht weist auch darauf hin, dass die bestäubungsabhängige Nahrungsmittelproduktion in den vergangenen 50 Jahren schneller zugenommen hat als die bestäubungsunabhängige, was unterm Strich bedeutet, dass die Abhängigkeit der Menschen von den nützlichen Insekten zunimmt.

Mehr Forschung ist gefragt, so schlussfolgert der Bericht, und nötig ist auch ein gesteigertes Bewusstsein der ökonomischen Bedeutung von bestäubenden Insekten, und zwar nicht nur der domestizierten (deren Halter in den USA ja für Bestäubungsdienste bezahlt werden),

Eine Hummel untersucht unreife Brombeeren im Garten des Autors
(Foto: M. Groß).

sondern auch der wild lebenden. Deren Dienste bekommen die Landwirte kostenlos, aber sie sollten sie dennoch zu schätzen wissen.

Koffein stärkt Gedächtnis der Bienen

Wenn Pflanzen psychoaktive Alkaloide wie Nikotin, Kokain oder Koffein produzieren, dann liegt deren natürliche Funktion meist in der Abwehr von
Schädlingen. Erst im Jahre 2013 wurde für pflanzliches Koffein ein völlig anderer Nutzen entdeckt: in den Blüten dient es offenbar der Manipulation
des Verhaltens der Bienen.

Koffein findet sich hochkonzentriert natürlich in der Kaffeebohne (verschiedene Arten der Gattung *Coffea*), in deutlich geringerer Konzentration auch
in den Blüten derselben Pflanzen. Im Jahre 1999 wurde das Alkaloid auch im
Nektar der Blüten von Zitrus-Pflanzen nachgewiesen. Das Vorkommen der
in größeren Mengen toxischen Verbindung in Früchten wie der Kakao- und
der Kaffeebohne erklärt sich leicht als Schädlingsabwehr, aber was macht
die Substanz im Nektar der Blüten?

Geraldine Wright und Kollegen von der Universität Newcastle im Norden
Englands stellten die Hypothese auf, dass die Anwesenheit von Koffein in
Blüten von *Citrus* und *Coffea* nicht der Abwehr, sondern vielmehr der Beein-
flussung von bestäubenden Insekten wie etwa Bienen dient.

Bei Säugetieren fördert Koffein die geistige Leistung und das Gedächtnis,
wobei die molekularen Mechanismen dieser Wirkung gegenwärtig noch untersucht werden. Erst im Jahre 2012 wurde ein Zielort im Hippocampus

identifiziert [15], einem wichtigen Bereich des Wirbeltier-Gehirns, der beim Menschen unter anderem der Übertragung von Inhalten aus dem Kurzzeit- in das Langzeitgedächtnis dient. Wright und ihre Mitarbeiter untersuchten mit Lernexperimenten an Bienen, ob der geringe Koffeingehalt (um 0,1 mM) des Nektars von Pflanzen der Gattungen *Citrus* und *Coffea* die geistige Leistung der Bestäuber fördert. Es hilft zwar der Biene nicht unbedingt, wenn sie kurzzeitig schlauer wird, aber die Pflanze hat, da sie mit anderen Arten um die Bestäubungsdienste konkurriert, ein evolutionsbiologisch berechtigtes Interesse daran, dass die bestäubenden Insekten sich *ihre* Blüten als lohnendes Ziel einprägen.

Die Forscher fanden heraus, dass die Anwesenheit von Koffein in einer Zuckerlösung das Erlernen der mit dieser Belohnung gekoppelten Aufgabe (Erkennung eines Duftes) zwar nicht beschleunigt, aber die Wahrscheinlich- keit erhöht, dass die Bienen sie im Gedächtnis behalten [16]. Nach 24 Stun- den hatten dreimal so viele der mit Koffein trainierten Bienen das antrai- nierte Verhalten beibehalten wie in der Kontrollgruppe ohne Koffein. Nach drei Tagen waren es immerhin noch doppelt so viele.

Die Pflanze erreicht somit durch ihre Koffeingabe, dass die Biene sich bes- ser an ihre Blüten erinnert als an die Blüten der Konkurrenz. Je nachdem, ob der Nektar für die Biene ergiebiger ist als anderswo, oder nicht, kann die Biene dabei profitieren oder betrogen werden. Den unbestrittenen Vorteil hat in jedem Fall die Pflanze.

Die Forscher führten darüber hinaus detaillierte neuroanatomische Unter- suchungen an den Bienen durch, die bestätigen, dass Koffein das Gedächt- nis der Insekten fördert. Sie konnten zeigen, dass Koffein die Anregbarkeit der Kenyonzellen im Pilzkörper erhöhen. Diese Zellen gelten als Sitz des Gedächtnisses bei Insekten. Vermittelt wird der Effekt offenbar über Rezep- toren für den im zentralen Nervensystem häufig verwendeten Botenstoff Acetylcholin. Durch Blockade des Acetylcholinrezeptors konnten sie den neurologischen Effekt des Koffeins ausschalten.

Die in dem Experiment verwendete Koffeinkonzentration entsprach der im Nektar von Zitrus-Pflanzen nachgewiesenen. Es ist experimentell erwiesen, dass die Bienen den bitteren Geschmack des Koffeins in diesen geringen Konzentrationen nicht wahrnehmen können. Erhöht man die Konzentrati- on über ihre Wahrnehmungsschwelle, so schreckt das die Bienen ab – sie zeigen ja auch kein Interesse an Kaffeetassen. Der Fortpflanzungserfolg der Pflanze hängt also unter anderem davon ab, dass sie die Koffeinkonzen- tration im Nektar optimal einstellt – gedächtnisfördernd aber nicht direkt wahrnehmbar.

So überraschend diese Befunde für die Pflanzenphysiologie und Insekten- kunde sein mögen, aus anthropozentrischer Weltsicht erscheinen sie ganz natürlich. Schließlich bieten wir Menschen auch unseren Gästen Kaffee an, damit sie uns in guter Erinnerung behalten.

4
Ökonomie der Ökologie

Seit Jahrzehnten ist uns schon die Bedeutung des Umweltschutzes bewusst, und gerade in Deutschland wurde auch schon einiges für die Umwelt getan, doch global betrachtet gehen der Raubbau an den natürlichen Ressourcen und die Belastung von Atmosphäre und Ozeanen fast ungebremst weiter. Kann die ökonomische Evaluierung der Leistungen, die ein Ökosystem für den Menschen erbringt, auch dem Schutz desselben dienen?

Der Schutz der Natur ist eine recht neue zivilisatorische Errungenschaft, da ja die Menschen über Jahrtausende hinweg jeden Fortschritt und jede kleine Verbesserung ihrer Lebensbedingungen der übermächtigen Natur abringen mussten. Um Landwirtschaft zu betreiben, mussten sie Urwälder roden und Raubtiere fernhalten, und sobald sie in ihrer Aufmerksamkeit nachließen, nahm sich die Natur das Ihre wieder zurück.

Ende des 19. Jahrhunderts, nachdem immer besser bewaffnete Jäger schon etliche Arten ausgerottet hatten, begann man damit, Naturschutz in Gesetzen und internationalen Abkommen zu verankern, aber damals galten nur nützliche Tiere als schützenswert. Lästige Spezies wie Löwen und Bären waren immer noch gnadenlos zum Abschuss freigegeben.

Erst mit Gründung der internationalen Artenschutz-Organisation IUPN (International Union for the Protection of Nature, inzwischen in IUCN umbenannt, wobei das C für Conservation steht) im Jahre 1948 begann der Artenschutz im heutigen Sinne, der die Bedeutung der Biosphäre mit ihrer gesamten Artenvielfalt würdigt, auf internationaler Ebene Gehör zu finden. Die IUCN gibt auch die berühmte Rote Liste heraus, in der regelmäßig die besonders bedrohten Arten katalogisiert werden.

Invasion der Waschbären Erste Auflage. Michael Groß.
© 2014 WILEY-VCH Verlag GmbH & Co. KGaA.

Seit dem 19. Jahrhundert hat es mehr als tausend internationale Abkommen zum Naturschutz gegeben, aber die Einhaltung derselben ist nicht immer gewährleistet. Bis heute wird vielerorts das für unabdingbar gehaltene Wirtschaftswachstum auf Kosten der Natur erreicht. Die in guter Absicht aufgesetzten Vertragstexte können offenbar die Biosphäre nicht retten – aber vielleicht können wirtschaftliche Argumente mehr ausrichten?

Zahlenspiele

Mit dem recht neuen Schlagwort »ecosystem services« (Ökosystemdienstleistungen) haben Wirtschaftswissenschaftler den Gedanken erfasst, dass selbst die vom Menschen nicht gezähmte Natur einen positiven Beitrag zur Wirtschaft leisten kann. Die Regenwälder Südamerikas dienen zum Beispiel der Bewässerung der Weideflächen für argentinische Rinderherden. Würden wir den Regenwald vernichten (und wir sind ja schon fleißig dabei, das zu tun), so müssten die Argentinier ihre Viehweiden künstlich bewässern. Man kann leicht ausrechnen, was das kosten würde – der unterm Strich erscheinende Betrag ist also ein positiver Beitrag, den der gegenwärtig (noch) existierende Regenwald zur Wirtschaft leistet. Zusätzlich absorbiert der Regenwald natürlich auch Kohlendioxid und produziert Sauerstoff, den wir brauchen, was man ihm auch anrechnen müsste.

Umweltschützer hoffen nun, dass sie mit solchen Rechnungen die Verantwortlichen in der Wirtschaft zu umweltfreundlicheren Entscheidungen bewegen können. Bisher war es gängige Praxis, dass natürliche Ressourcen, die sich nicht in Privatbesitz befanden – etwa das Kühlwasser, das man einem Fluss entnahm, oder der Sauerstoff aus der Atmosphäre – in den Bilanzen gar nicht auftauchten, also als wertlos erachtet wurden. Inzwischen gibt es bereits mehrere Projekte, die darauf zielen, den Wert der Natur zu quantifizieren und in die Bilanzen der Unternehmen mit einzubeziehen.

In den Jahren 2008–2010 führte die Umweltorganisation der Vereinten Nationen, UNEP (United Nations Environment Programme), im Auftrag der G8+5-Länder eine Studie über die wirtschaftliche Relevanz von Umwelt und Artenvielfalt durch (The Economics of Environment and Biodiversity, TEEB). Die von dem Wirtschaftswissenschaftler Pavan Sukhdev geleitete Untersuchung kam zu dem Ergebnis, dass wir, wenn wir bis 2050 so verschwenderisch weitermachen wie bisher, allein aufgrund der Schäden an der Natur mit Folgekosten rechnen müssen, welche die seit 2008 herrschende Finanzkrise in den Schatten stellen würden. Wenn aber, so verheißt uns die Studie, Unternehmen jetzt beginnen, den Wert der Natur einzukalkulieren, dann könnten sich die heutigen Ausgaben für Umwelt- und Naturschutz später als sehr lohnende Investitionen entpuppen.

Der Abschlussbericht, den die TEEB-Autoren im Oktober 2010 zur Klimakonferenz (COP10) von Nagoya vorlegten [17], erläutert die wirtschaftliche Wertschätzung der Natur mit drei Szenarien: einem natürlichen Ökosystem (Wald), einer menschlichen Gemeinschaft (Stadt), und einem Industriesektor (Bergbau). Anhand dieser Beispiele wollen die Autoren zeigen, dass die in der Studie erarbeiteten Konzepte es ermöglichen, den Wert der Natur bei Entscheidungen auf allen Ebenen mit einfließen zu lassen.

Unabhängig davon hat eine Firmenorganisation für nachhaltige Entwicklung, der World Business Council for Sustainable Development, eine Anleitung zur Evaluierung von Ökosystemen für Firmen herausgegeben [18]. Diese solle, so die Idee der Organisation, die über 200 Firmen vertritt, Wirtschaftsunternehmen aller Art ermöglichen, nachhaltig zu wirtschaften und bessere Entscheidungen zu treffen. Einige Firmen haben die Methode bereits ausprobiert.

Die französische Firma Veolia Environnement hat mit dieser Methode zum Beispiel die Flächennutzung und den Wasserhaushalt auf einem Gebiet untersucht, das gleichzeitig dem Naturschutz, der Landwirtschaft und der Freizeitgestaltung dient. Die Firma fand die Wert-Analysen aufschlussreich und nützlich für ihre Diskussionen mit anderen Interessenten und Anwohnern.

Die japanische Elektronikfirma Hitachi berechnete die von ihren Produktionsprozessen verursachten Kohlendioxid-Emissionen. Da Japan zu diesem Zeitpunkt nicht an Emissionsrechte-Handel für Kohlendioxid beteiligt war, stellten diese Emissionen für Hitachi bisher externe Effekte dar, welche die Firma nicht direkt in Geldwert umsetzen konnte. Allerdings ging die Firma davon aus, dass sich diese Situation schon bald ändern könne (Ende 2013 hieß es, die Einführung des Emissionshandels sei in Japan für 2014 vorgesehen), und sie rechnet auch damit, dass eine Umstellung auf nachhaltigere Produktionsmethoden ihrem Image förderlich sein würde.

Alle an einem Strang

Ob diese Zahlenspiele unterm Strich auch einen messbaren Vorteil für Natur und Umwelt erwirtschaften, bleibt erst einmal abzuwarten. Neben Lob und Unterstützung hat die wirtschaftliche Sichtweise des Naturschutzes auch harsche Kritik erfahren, unter anderem von dem britischen Biologen und Kommentator George Monbiot.[1]

Einen klaren Erfolg hat die neue Vorgehensweise allerdings schon erbracht. Sie hat erreicht, dass Ökonomen, Ökologen, Naturschützer und PolitikerInnen sich zusammenraufen und gemeinsam dafür einsetzen, dass Firmen auf nachhaltigere Wirtschaftsformen umstellen. Verglichen mit dem traditionellen Tauziehen, bei dem Naturfreunde und Industrievertreter versuchen, die Politik in entgegengesetzte Richtungen zu zerren, ist es immerhin schon ein Fortschritt, dass jetzt alle am selben Strang ziehen, und hoffentlich auch in dieselbe Richtung.

Diese neue Einigkeit war im Juni 2011 in Oxford zu besichtigen, als dort das jährliche World Forum For Enterprise and the Environment (WFEE) stattfand. Delegierte von Hochschulen, Firmen, Regierungen und Umweltorganisationen diskutierten lebhaft aber konstruktiv und befolgten auch die Anweisung der Veranstalter, sich nicht in die bereits hinlänglich bekannten Probleme zu verbeißen, sondern nach neuen Wegen zu suchen, um Hindernisse aus dem Weg zu räumen und sich einer Lösung zu nähern.

David Macdonald von der Universität Oxford und andere Forscher aus dem Bereich der Ökologie berichteten von den Schwierigkeiten und Grenzen der traditionellen Methoden im Naturschutz, etwa der Einrichtung von Schutzgebieten (siehe hierzu auch Kapitel 6). Finanzielle Anreizsysteme, so Macdonald, können hilfreich sein, wenn ihre Gestaltung angemessen ist. Zum Beispiel hilft PEC (Payment to Encourage Coexistence, also Zahlungen, um das friedliche Zusammenleben zu fördern) in Botswana mit, den Frieden zwischen Landwirten und Löwen zu wahren [19].

Macdonald sprach sich grundsätzlich dafür aus, dass man natürlichen Ressourcen und Ökosystemdienstleistungen einen finanziellen Wert beimisst, doch er gab auch zu bedenken, dass dieser Wert stark

---

1) www.monbiot.com/2011/06/06/an-answer-to-the-meaning-of-life/, letzter Zugriff: 10 April 2014.

von der Umgebung abhängt. Biotope, die in zu kleine Teile aufgespalten werden, sind nicht mehr überlebensfähig.

Wenn Regierung und Steuerzahler etwa bereit sind, Flussufer zu einem Preis von 15 Euro pro laufendem Meter als Lebensraum für die Schermaus (*Arvicola amphibius*) zu schützen, dann ist das gut und schön, aber ein alleinstehender Meter hilft den armen Tierchen nicht weiter. Wenn allerdings ein bereits bestehendes Flussufer-Habitat, das etwas knapp bemessen ist, um die entscheidenden Meter ergänzt wird, dann bekommen die Steuerzahler für ihre 15 Euro vielleicht viel mehr Lebensraum, als sie gedacht hätten.

In Europa, wo wir sowieso gerade dabei sind, die dreckige Industrie des 19. und 20. Jahrhunderts durch sauberere Wirtschaftsformen zu ersetzen und dabei ein kleines Stückchen Natur zurückzugewinnen, kann man sich auf Otterschutz und Fluss-Renaturierung schnell einigen. Selbst die Emscher, einst die größte Kloake Deutschlands, wird ja jetzt wieder in einen Fluss zurückverwandelt, der in Zukunft wieder zahlreichen Tierarten als Lebensraum dienen kann.

Global betrachtet finden sich die größten Bedrohungen für die heute noch vorhandene Artenvielfalt in den Tropen, wo das verständliche Streben nach wirtschaftlicher Entwicklung und Wohlstand, in Verbindung mit politischen Problemen, oft mit den Interessen des Naturschutzes in Konflikt kommt.

Solche Probleme kennt man zum Beispiel in Kolumbien, dem Land mit der größten Zahl von Arten pro Quadratkilometer. Sandra Bessudo vertrat die kolumbianische Regierung bei der Oxforder WFEE-Konferenz und erläuterte die Situation. Derzeit (2011) seien 12 % des Landes und 1 % der Meeresfläche vor seinen Küsten als Schutzgebiete ausgewiesen, doch man wolle diese Anteile bis zum Jahre 2020 auf 17 % bzw. 10 % erhöhen, sagte Bessudo.

Des Weiteren wolle ihr Land sich an REDD+ beteiligen, einem Finanzprojekt zur Verhinderung der Entwaldung, wie es das Nachbarland Ecuador bereits getan hat. Kolumbien beherbergt außerdem ein Pilotprojekt der Weltbank zur Evaluierung von Ökosystemen. Konstruktive Lösungen zur nachhaltigen Entwicklung der Wirtschaft, wie sie die kolumbianische Regierung anstrebt, erfordern allerdings auch eine Lösung der sozialen Probleme in dem Land, wo extreme Ungleichverteilung seit Jahrzehnten Bürgerkrieg und Drogenkriminalität speist.

Ozeane

Ein außerordentlich wichtiger Bereich, der bei dem WFEE-Treffen ein wenig zu kurz kam, war der Schutz der Ozeane – das mag zum Teil damit zusammenhängen, dass für den größten Teil der Weltmeere niemand so richtig zuständig ist. Es gebe einfach keinen Präsidenten der Ozeane, den er zu der Veranstaltung einladen könnte, scherzte David King von der Smith School for Enterprise and the Environment in Oxford.

Ein Großteil der Bedrohung des Lebens im Meer geht allerdings ganz klar von Landbewohnern aus, die man im Prinzip zur Rede stellen könnte. Ein wichtiges Problem, die Versauerung der Meere, welche das Überleben der tropischen Korallenriffe gefährdet, ist einfach eine direkte Folge unserer Kohlendioxid-Emissionen und sollte deshalb im Zusammenhang mit dem Klimawandel angegangen werden. Der pH-Wert der Ozeane ist ein wichtiger Grund, die Kohlendioxid-Emissionen an der Quelle zu unterbinden, und nicht etwa das Klima durch Geo-Engineering mit Spiegeln oder künstlichen Wolken zu reparieren. Nur wenn der Anstieg des Kohlendioxidgehalts der Atmosphäre (und der Meere) gestoppt werden kann, sind die Korallenriffe und die von ihnen abhängigen Meeresbewohner noch zu retten.

Ein zweites wichtiges Problem ist die hochgradig industrialisierte und zudem noch subventionierte Überfischung. Wenn diese Industrie so weitermacht wie bisher, wird sie bis 2050 alle essbaren Fischarten in den Ozeanen ausgerottet haben, wie ein Teilnehmer der WFEE-Tagung in einer Diskussionsgruppe warnte. Warum unsere vermeintlich intelligente Spezies so enthusiastisch den Ast absägt, auf dem sie sitzt, konnte die Diskussionsrunde allerdings nicht abschließend klären.

Die Abgrenzung und Überwachung von Schutzgebieten kann in diesem Fall eine wirtschaftlich attraktive Lösung bieten. Wenn die Fischer nämlich am Rande dieser Schutzgebiete die Fische abernten, haben sie einen stabilen Nachschub ohne das Risiko der Ausrottung. Dieses Prinzip hat sich bereits bei kleineren Schutzgebieten bewährt, könnte aber auf viel größere Flächen ausgedehnt werden – vorausgesetzt man einigt sich mit allen Beteiligten. Unpopuläre Schutzmaßnahmen durchzusetzen wäre in den Weiten der Weltmeere schwierig und unökonomisch.

Außerdem müssen Subventionen und Überkapazitäten abgebaut werden, was wiederum das Verständnis der Betroffenen erfordert. Es bleibt zu hoffen, dass diese Maßnahmen umgesetzt werden können, bevor die Meere leergefischt sind.

5
Der verdoppelte Stickstoff-Kreislauf

In weniger als einem Jahrhundert haben wir die globale Produktion von reaktiven Stickstoffverbindungen verdoppelt. Kann der biologische Abbau mit diesem Zuwachs Schritt halten?

Vor hundert Jahren entstand in Oppau bei Ludwigshafen eine neue Fabrik, die noch nie Dagewesenes leisten sollte. Die Hochdruckanlagen sollten mit dem von Fritz Haber im Labor entwickelten und von Carl Bosch in den industriellen Maßstab übertragenen Verfahren Stickstoff aus der Luft in chemisch nutzbaren Ammoniak verwandeln, mit dem man dann Düngemittel herstellen konnte – aber auch Sprengstoff. Im Frühjahr 1914 nahm die auf eine Tagesproduktion von 30 Tonnen Ammoniak ausgelegte Anlage den Betrieb auf.

Die Haber-Bosch-Synthese ermöglichte die Bevölkerungsexplosion des 20. Jahrhunderts und lieferte auch explosives Material für die Bomben beider Weltkriege. Inzwischen produzieren menschliche Aktivitäten mehr reaktiven Stickstoff als die natürliche Stickstofffixierung, und rund die Hälfte der Stickstoffatome in den Proteinen und Nucleinsäuren der sieben Milliarden Menschen auf der Erde kommen aus einer Haber-Bosch-Anlage. Menschliche Aktivität hat also den globalen Umsatz von Stickstoffverbindungen innerhalb von einem Jahrhundert glatt verdoppelt.

Dieser Eingriff in die biogeochemischen Kreisläufe stellt sogar die Kohlendioxidemissionen und den von diesen verursachten Klimawandel in den Schatten. Kann die Natur überhaupt mit der doppelten Stickstoffmenge umgehen? Und was sind die Folgen, wenn sie mit der Entsorgung nicht nachkommt?

Invasion der Waschbären Erste Auflage. Michael Groß.
© 2014 WILEY-VCH Verlag GmbH & Co. KGaA.

Grenzüberschreitung

In einer Untersuchung über die »Belastbarkeit« unseres Planeten bezüglich der menschlichen Aktivitäten kamen Johan Rockström und Kollegen bereits im Jahre 2009 zu der Einschätzung, dass die Freisetzung von reaktivem Stickstoff die Belastbarkeitsgrenze bereits um den Faktor vier überschreitet [20]. Damit ist das Problem ähnlich gravierend wie der Verlust an Artenvielfalt und übertrifft Klimawandel und Ansäuerung der Ozeane.

Allerdings ist diese Abschätzung nur eine sehr grobe Annäherung an den Zustand der globalen Stickstoff-Kreisläufe, da diese sehr viel komplexer sind als zum Beispiel der Kohlenstoff-Kreislauf. Reaktiver Stickstoff kann – dank seiner diversen Oxidationsstufen – in der Umwelt in vielen verschiedenen Formen auftreten, die in vielen globalen Systemen, von den Ozeanen bis zur Stratosphäre, verschiedenste Auswirkungen haben können.

Die Anreicherung von reaktiven Stickstoffverbindugen bedroht unter anderem die Artenvielfalt in mehr als 60 besonders artenreichen »Hotspots« vor allem in Asien, wie Jan-Willem Erisman vom Energieforschungszentrum der Niederlande (ECN) in Petten im Dezember 2011 anlässlich einer Diskussionstagung der Royal Society in London berichtete.

Stickstoffverbindungen beeinflussen auch das Klima, allerdings auf widersprüchliche Weise, und es ist noch nicht geklärt, in welche Richtung der Nettoeffekt zu Buche schlägt. Freisetzung von Distickstoffoxid (Lachgas, N_2O) trägt zum Treibhauseffekt und damit zur Erwärmung von Atmosphäre und Ozeanen bei, während die Anreicherung von festen Stickstoffverbindungen, die auch als Aerosole in die Atmosphäre gelangen, abkühlend wirkt [21]. Doch wie sich der verdoppelte Stickstoffkreislauf insgesamt und vor allem auch langfristig auf unsere Atmosphäre auswirken wird, ist noch nicht abzusehen.

Kann die Denitrifikation mithalten?

In der ganzen unübersichtlichen Vielfalt der chemischen Umwandlungen von Stickstoffverbindungen in der Umwelt ist die wichtigste Reaktion wohl die Denitrifikation, denn nur diese macht den von Menschen verursachten zusätzlichen Eintrag von reaktivem

Stickstoff rückgängig, indem sie diesen in molekularen Stickstoff zurückverwandelt. Bei der Denitrifikation werden Nitrate und Nitrite über diverse Zwischenstufen, darunter auch Lachgas, zu N_2 reduziert. Hauptakteure sind Bodenbakterien, doch findet der Prozess auch bei der Lagerung von Gülle, bei der Abwasser-Aufbereitung, in Feuchtgebieten sowie in Flussauen und in sauerstoffarmem Meerwasser statt.

Die wichtigste Frage ist, ob die natürlichen Mechanismen der Denitrifikation mit dem verdoppelten Eintrag von Stickstoffverbindungen fertigwerden können, oder ob sie hinterherhinken und es dadurch zu einer Anreicherung überschüssiger Nitrate und Nitrite in der Umwelt kommt. Kompliziert wird die Sache dadurch, dass das Zwischenprodukt N_2O in die Atmosphäre entweichen und dort zum Klimawandel beitragen kann.

Lex Bouwman von der Universität Utrecht (Niederlande) hat aufgrund von Stichproben Computermodelle entwickelt, die versuchen, die globale Stickstoffbilanz und ihre Veränderung seit 1900 zu erfassen. Nach seinen Ergebnissen hat die Denitrifikation zwischen 1900 und 2000 von 68 auf 95 Millionen Tonnen pro Jahr zugenommen. Dieser Zuwachs kann aber nicht mit der Verdoppelung der Produktion von reaktivem Stickstoff mithalten. Der Überschuss in der Stickstoffbilanz des Bodens (also eingebrachter oder fixierter Stickstoff minus Stickstoff, der mit der Ernte wieder entnommen wird) ist in derselben Zeit von 179 auf 250 Millionen Tonnen pro Jahr angeschwollen.

Durch Extrapolation seiner Modelle in die Zukunft kommt Bouwman zu dem Schluss, dass nur drastisches Umdenken in Landwirtschaft und Umweltpolitik eine massive Anreicherung von Stickstoffverbindungen in der Umwelt verhindern kann. Wenn alles so weiter läuft wie bisher, lässt es sich nicht vermeiden, dass die Stickstoffüberschüsse in immer größeren Mengen aus den Böden in die Flüsse und Küstengewässer gelangen, und dort durch Überdüngung (Eutrophierung) erhebliche Umweltschäden auslösen, wie Bouwman bei der Diskussionstagung der Royal Society erläuterte [22].

Regionale Unterschiede

Hinter der globalen Bilanz verbergen sich allerdings auch starke regionale Unterschiede. Da der Ablauf von überschüssigen Stickstoff-verbindungen in Flüsse, Seen und Grundwassersysteme ein entscheidender Faktor in der regionalen Problematik ist, hat Gilles Billen mit seiner Arbeitsgruppe am CNRS-Institut in Paris die Einzugsgebiete großer Flüsse wie der Seine und der Schelde auf ihre Stickstoffbilanz hin untersucht und mit den von anderen Arbeitsgruppen untersuchten wie Mississippi, Ebro und Hong verglichen.

Billens Arbeitsgruppe ermittelte, ob diese Gebiete unterm Strich reaktiven Stickstoff importieren oder exportieren. Wenn ein Gebiet insgesamt mehr Lebensmittel und Tierfutter produziert, als es zur Ernährung seiner Einwohner und ihrer Tiere benötigt, dann erwirtschaftet es einen Überschuss, den es exportieren kann, während es im umgekehrten Fall fixierten Stickstoff importieren muss. In den vergangenen 50 Jahren, so fanden die Forscher, sind die Einzugsgebiete von Seine und Mississippi mithilfe von intensiver Landwirtschaft und Kunstdünger zu Exporteuren geworden, während die Gebiete an Ebro und Schelde sich auf die Tierzucht konzentrierten und damit zunehmend auf den Import von Futtermitteln angewiesen sind.

Billens Team verglich auch den Umfang der natürlichen Stickstoff-fixierung mit dem Eintrag anthropogener Stickstoffverbindungen. Die menschliche Stickstoffproduktion überwiegt die natürliche nur in 43 % der Fläche, doch die Regionen, in denen die menschliche Produktion die Nase vorn hat, sind für 84 % der globalen Produktion von synthetischen Stickstoffverbindungen verantwortlich. Viele von diesen weisen auch ein starkes Ungleichgewicht hinsichtlich der Exportbilanz auf [23].

Ins Meer gespült

Nitrate und Nitrite, die der Denitrifikation auf dem Festland entkommen, werden letztendlich ins Meer gespült, also ist es auch wichtig, zu verstehen, was dort mit ihnen geschieht, und ob sie dort Schaden anrichten können.

Die Denitrifikation im Meer hängt stark vom Sauerstoffgehalt des Wassers ab, d. h. sie findet nur in sauerstoffarmen Bereichen statt.

Es gibt außerdem komplizierte Verflechtungen mit anderen biogeo-chemischen Kreisläufen, insbesondere mit denen des Kohlenstoffs und des Phosphors. Die Denitrifikation in den Ozeanen ist auch für rund 30 % der globalen N_2O-Emission verantwortlich und leistet damit einen signifikanten Beitrag zum Treibhauseffekt, wie Maren Voß vom Leibniz-Institut für Ostseeforschung in Warnemünde berichtete [24].

Neuere Forschung hat scheinbare Ungleichgewichte in den Stick-stoffbilanzen der Ozeane aufgezeigt, die man noch nicht vollständig versteht. Die historische Sichtweise ist, dass bakterielle Denitrifika-tion der einzige Vorgang ist, der wesentliche Mengen an oxidierten Stickstoffverbindungen aus den Ozeanen entfernt, doch die Entde-ckung von Anammox (anaerober Ammoniak-Oxidation) und von de-nitrifizierenden Eukaryonten in tropischen Gewässern machten ein Umdenken erforderlich.

Rein stöchiometrisch gesehen sollte der Abbau von Stickstoffver-bindungen in den sauerstoffarmen Bereichen der Ozeane zu 71 % der Denitrifikation und zu 29 % der Anammox-Reaktion zuzuschreiben sein, damit organisches Material von durchschnittlicher Zusammen-setzung vollständig abgebaut werden kann. Mehrere Untersuchun-gen in sauerstoffarmen Bereichen des Arabischen Meeres haben al-lerdings weniger oder sogar gar keine Denitrifikation nachgewiesen. Es gibt mehrere Theorien zur Erklärung dieser unerwarteten Befun-de, aber bisher haben sich die Experten nicht auf eine einigen können.

Auch sonst gibt es noch viele Ungewissheiten in der wissenschaftli-chen Beschreibung der Stickstoffkreisläufe in den Weltmeeren. Letz-ten Endes bürden wir also unseren überschüssigen Stickstoff einem System auf, das wir noch nicht einmal verstanden haben, und somit kann auch niemand vorhersagen, was das für Folgen haben wird.

Phosphor-Zyklen und -Recycling
Direkt unter dem Stickstoff steht im Periodensystem ein weiteres Element, das in Düngemitteln eingesetzt wird, nämlich der Phosphor. Auch dessen biogeochemische Zyklen bereiten den Experten einige Sorgen.
Phosphor ist ein essenzieller Nährstoff für alle Pflanzen, deswegen müssen die Landwirte dafür sorgen, dass dieses Element ihren Gewächsen in ausrei-chender Menge zur Verfügung steht. Wir Menschen benötigen das Element in jeder einzelnen Zelle unseres Körpers, da es zum Aufbau der Nucleinsäu-ren DNA und RNA gebraucht wird und auch in wichtigen kleinen Molekülen wie dem Energieträger ATP (Adenosintriphosphat) vorkommt.

Im Jahre 2007 schätzten Experten, dass die Produktion von Phosphor aus Mineralien spätestens 2035 aufgrund der Verknappung der Rohstoffe zurückgehen werde. Neuere Schätzungen der Phosphatreserven im Königreich Marokko legen hingegen nahe, dass die Vorräte der Natur noch einige Jahrzehnte länger reichen. Der Haken an den neuen Schätzungen ist der, dass demnach über 90 % der Weltreserven in Marokko (bzw. in dem von Marokko kontrollierten Gebiet Westsahara) lagern. Wenn die Ressourcen der anderen Länder (derzeit vor allem China, Syrien und Algerien) zur Neige gehen, wird die Welternährung von einem einzelnen Land abhängig sein, und das kann leicht zu politischen Verwicklungen führen.

Der Meteorologe Paul Crutzen, der 1995 für seine Warnung vor der Schädigung der Ozonschicht durch Fluorchlorkohlenwasserstoffe den Nobelpreis für Chemie erhielt, ist seit 2010 Botschafter einer Organisation, die auf das Phosphorproblem aufmerksam machen will, der »Global Phosphorus Research Initiative«. Auch James Elser und seine Mitarbeiter an der University of Arizona machen sich Sorgen um das Element P. Die gegenwärtige Praxis, 200 Millionen Tonnen Phosphor pro Jahr der Erde zu entreißen und auf den Feldern zu verteilen, wo ein Großteil des Düngers dann in die Gewässer abläuft, ist einfach nicht nachhaltig, argumentieren Elser und andere Kritiker.

Die naheliegende Lösung für alle Phosphorprobleme wäre ein geschlossener Kreislauf, also Recycling der Phosphorverbindungen, die bereits im Umlauf sind. Eine wichtige Quelle wiederverwertbaren Phosphats sind menschliche und tierische Exkremente – wenn Landwirte mit Gülle düngen, leisten sie schon einmal einen Beitrag zum Recycling.

Der menschliche Organismus scheidet überschüssige Phosphorverbindungen vor allem durch den Urin aus. Toiletten, die diesen getrennt auffangen, könnten deshalb einen wichtigen Beitrag leisten. Die Gates-Stiftung fördert das Projekt der sogenannten No-Mix-Toilette vor allem für Entwicklungsländer, wo die Infrastruktur für ein Recycling im Abwassersystem nicht vorhanden ist. In den Industrieländern kann das Phosphat im Prinzip aus Kläranlagen zurückgewonnen werden, aber die zunehmende Belastung der Abwässer unter anderem mit Medikamentenwirkstoffen stellt hier ein Problem dar.

Könnte man alles von Menschen ausgeschiedene Phosphat zurückgewinnen, so würde dies schon rund ein Fünftel des Gesamtbedarfs decken. Andere Verbesserungsmöglichkeiten finden sich entlang der gesamten Nahrungskette, von der Düngung über die Aufnahme von Phosphaten durch Pflanzen und Tiere, bis hin zu Lebensmittelabfällen [25]. Die Entwicklung von Technologien zur effizienten Rückgewinnung von Phosphaten aus großen Mengen von organischem Material steht erst in den Anfängen. Elser argumentiert in seinen Publikationen, dass die erforderlichen Maßnahmen in ihrer Summe einem radikalen Umbau der globalen Lebensmittelproduktion gleichkommen, und dass viel zu wenige dieser Veränderungen bisher auch nur begonnen wurden.

Auch die tatkräftige Mithilfe von Politik und Medien ist hier gefragt, die bisher erst in einigen wenigen Ländern zu erkennen ist. Das Bundesforschungsministerium (BMBF) hat immerhin bereits 2004 gemeinsam mit dem Bundesumweltministerium (BMU) eine Förderinitiative mit dem Titel »Kreislaufwirtschaft für Pflanzennährstoffe, insbesondere Phosphor« ins Leben gerufen. Die Bundesregierung hat in dem im Februar 2012 verabschiedeten Ressourceneffizienzprogramm (ProGress)[1] Phosphor als einen von vier »schutzrelevanten Stoffströmen« (neben Indium, Gold und Kunststoffabfällen) besonders hervorgehoben, deren Effizienz in international koordinierten Maßnahmen verbessert werden sollte.

Schweden hat bereits ehrgeizige Zielvorgaben für das Phosphor-Recycling gesetzt, und in den Niederlanden arbeitet eine »Nährstoff-Plattform« aus über 30 Organisationen aus Wirtschaft, Hochschulen und Politik daran, eine nachhaltige Wertschöpfungskette für die Lebensmittelproduktion zu entwickeln. Auf EU-Ebene wurde 2013 eine Diskussionsplattform eingerichtet, die der Entwicklung nachhaltiger Prozesse dienen soll.[2]

---

1) http://www.bmu.de/fileadmin/Daten_BMU/Pools/Broschueren/progress_dt_bf.pdf
2) http://www.phosphorusplatform.org/espc2013.html

6

Schützen Schutzgebiete wirklich die bedrohten Arten?

Eine (relativ) einfache und billige Maßnahme zum Schutz der Natur besteht darin, dass man ein Gebiet zum Nationalpark oder Naturschutzgebiet erklärt. Aber sichern diese Gebiete auch das Überleben der bedrohten Arten? Zwei Fallstudien zeigen, dass viel davon abhängt, wie man die Interessenskonflikte zwischen Mensch und Natur angeht.

Fossa. Quelle: Brehms Thierleben. Erste Abtheilung – Säugethiere (1876), Gustav Mützel; https://en.wikipedia.org/wiki/File:Fossa-drawing.jpg.

Anfang 2012 entstand das bisher größte Naturschutzgebiet der Welt im Osten Russlands, nahe der chinesischen Grenze. Durch Zusammenschluss dreier kleinerer Gebiete mit neuen Schutzflächen kreierte Russland den Nationalpark »Land des Leoparden« mit einer Fläche von 262 000 Hektar (etwas größer als das Saarland). Das Schutzgebiet dient vor allem als Lebensraum für zwei große Raubkatzenarten, den Amur-Tiger (sibirischer Tiger) und den fernöstlichen Leoparden.

Der sibirische Tiger gilt als bedroht aufgrund des Habitat-Verlusts, Konflikt mit Landwirten und der Wilderei, die von der Nachfrage nach traditionellen chinesischen Heilmitteln angetrieben wird. Die Leopardenart ist stark gefährdet und umfasst womöglich nur noch 30 bis 40 Tiere, die einen schmalen Streifen von Wäldern zwischen der Japanischen See und der Jilin-Provinz Chinas bewohnen.

Die internationale Artenschutz-Organisation Wildlife Conservation Society (WCS) hatte sich seit 1993 bei der russischen Regierung für diese Arten eingesetzt und berichtete voller Stolz von der Einrichtung des Nationalparks. Wo menschenleerer Raum und Mittel zur Verfügung stehen, scheint es eine naheliegende und einfache Sache zu sein, ein Naturschutzgebiet einzurichten, um Lebensraum vor der Zerstörung zu bewahren und Konflikte zwischen Mensch und Wildtier zu vermeiden. Notfalls kann man das Gebiet dann noch einzäunen, obwohl diese Art von Schutzmaßnahme dann schon wieder umstritten ist.

Aber schützen solche Schutzgebiete tatsächlich auch die Tierarten, für die sie eingerichtet werden, oder handelt es sich eher um eine dekorative Maßnahme, die Tierfreunde und Naturschützer bei Laune halten soll? Zwei Beispiele aus der Arbeit der Organisation Earthwatch – eins zu Lande und eins im Meer – illustrieren die praktischen Probleme in solchen Fällen.

Madagaskar

In Madagaskar untersuchen von Earthwatch angeworbene Freiwillige [26] eine einzigartige Raubkatzenart, die Fossa (*Crytoprocta ferox*) sowie den noch selteneren, ebenfalls katzenartigen Falanuk (Ameisenschleichkatze; *Eupleres goudotii*). Beide Arten sind bedroht, vor allem aufgrund der ineffizienten Einweg-Landwirtschaft, die im Wesentlichen darin besteht, ein Stück Wald in Brand zu setzen, das Land dann zu bewirtschaften, bis die Ernten geringer ausfallen, und dann zum nächsten Waldstück überzugehen. Die ausgelaugten und ungeschützten Flächen fallen der Erosion anheim und verwandeln sich in Savanne, die weder Mensch noch Tier nutzt. Auch Neobiota (neu hinzugekommene, nicht einheimische Arten) und Wilderer bedrohen diese einheimischen Tierarten.

Luke Dollar, der das Earthwatch-Projekt leitet, beobachtet die Fossa im Ankarafantsika-Nationalpark im Nordwesten der Insel seit 1998. Seitdem konnte er beobachten, dass die bereits 1990 eingerichteten Schutzgebiete eine positive Wirkung hatten. Die Population der Fossa erholte sich in dieser Zeit deutlich und der Falanuk konnte erstmals direkt gefilmt werden. Dollar sammelte auch umfangreiche Erfahrungen darin, welche Schutzmaßnahmen wirken und welche nicht. Schutzgebiete allein schützen noch keine Arten, lautet seine Schlussfolgerung, aber Menschen, die sich in den Schutzgebieten engagieren, können die Arten schützen.

Allein die Anwesenheit von Earthwatch-Freiwilligen in den Gebieten hat gesetzeswidriges Holzfällen und Wildern reduziert. Die Einrichtung von Zeltplätzen für Ökotouristen hat es der einheimischen Bevölkerung ermöglicht, ihren Unterhalt zu erwirtschaften, ohne auf die umweltzerstörende Brandrodung zurückgreifen zu müssen. Eine technische Innovation, die Einführung von effizienteren sogenannten Raketenöfen (rocket stoves), half den Einheimischen, die vorher auf offenen Feuern gekocht hatten, ihren Brennholz-Verbrauch zu reduzieren und gleichzeitig einen neuen Wirtschaftzweig, die Herstellung dieser Öfen, aufzubauen.

Die Erfahrungen zeigten, dass sehr einfache Maßnahmen dramatische Auswirkungen haben können. Es gibt zum Beispiel eine Fernstraße, die den Nationalpark auf 17 Kilometern Länge durchquert. Anhand der von Freiwilligen gesammelten Kadaver schätzt Dollar, dass in der Vergangenheit auf dieser Strecke rund 10 000 Wirbeltiere pro Jahr überfahren wurden. Aufgrund dieser Schätzung empfahl Earthwatch der Parkverwaltung die Anlage von Bodenschwellen zur Erzwingung von Geschwindigkeitsbeschränkungen. Diese Maßnahme wurde in einem Teilabschnitt umgesetzt, und nachfolgende Untersuchungen zeigten, dass sich die Zahl der aufgefundenen Kadaver quer durch alle Tierarten auf weniger als ein Drittel der früheren Funde reduzierte. Die Teams sammeln weiter Kadaver und Daten, in der Hoffnung, dass die Parkverwaltung aufgrund der positiven Ergebnisse die Verkehrsberuhigung auf die gesamten 17 Kilometer ausdehnt.

Belize

Während der Ankarafantsika-Nationalpark bereits seit mehr als 20 Jahren etabliert ist, handelt es sich bei dem von John Cigliano in Belize geleiteten Earthwatch-Projekt um einen Abschnitt von Küstengewässern, der zwar dem Namen nach seit 1996 als Schutzgebiet gilt, wo aber die Einhaltung von Naturschutzauflagen erst seit 2010 wirklich erzwungen wird [27].

Die von Earthwatch entsendeten Freiwilligen konnten hier also direkt den Übergang von einem rein nominellen zu strikt kontrolliertem Naturschutz beobachten und untersuchen, inwieweit diese Veränderung den zu schützenden Arten hilft.

Cigliano hat zusammen mit seinem Kollegen Richard Kliman und zahlreichen Freiwilligen die Große Fechterschnecke (*Lobatus gigas*, früher *Strombus gigas*) in dem Schutzgebiet Sapodilla Cayes untersucht, das ein Teil des Belize-Barrier-Reefs ist. Diese Schnecken werden zum Verzehr gesammelt und stellen in Belize einen wichtigen Wirtschaftsfaktor dar. Ökologisch betrachtet sind sie aber auch ein wichtiges Mitglied im Ökosystem des Korallenriffs. In kleinerem Maßstab hat man sie schon seit Jahrhunderten geerntet, auch schon vor der Ankunft der Europäer. Doch die Ausweitung auf industriellen Maßstab seit den 1980er-Jahren hat offenbar die Bestände schrumpfen lassen.

Cigliano und seine Helfer wollen deshalb untersuchen, wie gesund die verbleibenden Schneckenpopulationen noch sind. Freiwillige mit Scuba- oder Schnorchel-Ausrüstung zählen die Schnecken und messen ihre Größe, wobei sie insbesondere auch die Zahl der Jungtiere registrieren.

Erste Ergebnisse legen nahe, dass die Schutzmaßnahmen, insbesondere das Fischereisperrgebiet, bereits zu einer Erholung der Schneckenbestände geführt haben. Verglichen mit den Daten aus den letzten Jahren vor der Durchsetzung der Schutzmaßnahmen können die Forscher bereits erkennen, dass die Bevölkerungsdichte sowie die Größe und das Durchschnittsalter der Schneckenpopulation zunehmen. Den Daten der ersten zwei Jahre haftet natürlich noch ein gewisser Unsicherheitsfaktor an, den man erst durch weitere Beobachtungen über eine längere Zeitspanne ausräumen kann.

Im Gegensatz zu Nationalparks auf dem Festland haben die Schutzbereiche im Meer oft auch einen ganz unverhohlenen kommerziellen

Zweck. Sie dienen als Brutstätten für Fischbestände, die dann ganz legal abgeerntet werden, sobald sie das Schutzgebiet verlassen. Dadurch helfen sie mit, nachhaltigen Fischereibetrieb zu ermöglichen, was natürlich langfristig auch im Interesse der Fischer ist.

7
Bedrohte Artenvielfalt in der Türkei

Die besondere geografische Situation der Türkei, die von drei Meeren und einem Gebirge eingerahmt wird und eine breite Vielfalt von Lebensräumen bietet, hat zu einem ungewöhnlichen Artenreichtum geführt. Naturschützer stehen jedoch unter dem Druck der Politik, die eine stärkere Industrialisierung und Ausbeutung der natürlichen Ressourcen anstrebt. Ein neuer Korridor für Wildtiere weckt Hoffnung.

Die Türkei beherbergt den nördlichsten Teil des sogenannten »Fruchtbaren Halbmonds«, also des Gebiets, in dem die Menschheit vor rund 10 000 Jahren die Landwirtschaft entwickelte (siehe auch Kapitel 13). Man könnte meinen, dass nach zehn Jahrtausenden der landwirtschaftlichen Nutzung des Landes wenig schützenswerte Natur übrig geblieben sein kann. Andererseits hat aber eine ungewöhnliche Kombination von Faktoren die Türkei mit einem Reichtum von Artenvielfalt ausgestattet, der für ein Land außerhalb der Tropen überraschend, wenn nicht gar einzigartig ist.

Die Geografie der Türkei besitzt eine breite Vielfalt verschiedener Landschaften, von den drei Küsten (Mittelmeer im Süden, Ägäis im Westen, Schwarzes Meer im Norden) bis hin zu den Gebirgen, die bis zu einer Höhe von 5137 Metern emporreichen. Dazwischen gibt es Wälder, Buschland, große Flüsse und Feuchtgebiete.

Die Lage der Türkei am Kreuzungspunkt zwischen Afrika, Asien und Europa sorgte dafür, dass sich von allen drei Kontinenten die verschiedensten Arten zusammenfanden, um diese Biotope zu besiedeln. An Raubtieren gab es zum Beispiel Wölfe, Bären, Luchse, Leoparden, Geparden und Löwen, wobei die beiden Letzteren im 19. Jahrhundert ausstarben.

Invasion der Waschbären Erste Auflage. Michael Groß.
© 2014 WILEY-VCH Verlag GmbH & Co. KGaA.

Entwicklungsstörungen

Die Artenvielfalt der Türkei hat zwar zehn Jahrtausende menschlicher Zivilisation bisher erstaunlich gut gemeistert, doch jetzt drohen ihr neue Gefahren. Naturschützer fürchten, dass der Ehrgeiz der Regierung Erdoğan, den Anschluss an den Lebensstandard der westlichen Welt zu schaffen, auf Kosten der Natur verwirklicht wird. In einem Review haben Çağan Şekercioğlu und Kollegen von der University of Utah gewarnt, dass »ungebremste Verstädterung, Bau von Staudämmen, Entwässerung von Feuchtgebieten, Wilderei und übertriebene Bewässerung« die Artenvielfalt in Gefahr bringen [28].

In einem Brief an die Zeitschrift *Science* haben Şekercioğlu und andere auf die Gesetzesänderungen hingewiesen, die zwischen 2010 und 2012 die letzten Umweltschutz-Regeln für Bergbau, Wohnungsbau und andere Bauprojekte beseitigten [29]. Damit, so fürchten die Autoren des Briefs, verbleiben die Naturschutzgebiete der Türkei ohne rechtlichen Schutz gegen Bauprojekte jeder Art.

Die Autoren beanstanden, dass sich die Ideen der Politiker zur Entwicklung des Landes meist auf Abbau von Bodenschätzen und Bauprojekte im Großmaßstab beschränkten und wenig Spielraum für Natur- und Umweltschutz ließen. Nur wenige unabhängige Organisationen wie KuzeyDoğa, deren Vorsitzender Şekercioğlu ist, setzen sich für den Schutz der Umwelt und der Artenvielfalt ein.

Ein Problem ist zum Beispiel der im Einzelfall lobenswerte, aber im Übereifer bedrohliche Bau von Wasserkraftwerken, wovon inzwischen praktisch alle Fluss-Biotope des Landes in Mitleidenschaft gezogen werden. Im Jahre 2007 wurde die staatliche Wasserkraft-Behörde, welche für die Planung und Errichtung von Staudämmen und Kraftwerken zuständig ist, in das Umweltministerium integriert. Somit findet eine unabhängige Bewertung der möglichen Umweltschäden durch solche Projekte jetzt nicht mehr statt.

Wenn alle derzeit im Planungsstadium befindlichen Projekte auch umgesetzt werden, dann werden bis zum Jahr 2023 nahezu alle Wasserläufe der Türkei einen Staudamm aufweisen, und es wird insgesamt über 4000 Anlagen geben. Şekercioğlu und Kollegen befürchten, dass diese Maßnahmen die Fluss-Biotope stark schädigen werden, andererseits aber nur 20 % des Energiebedarfs der Türkei decken.

Anstatt eine Mischung von verschiedenen Formen erneuerbarer Energie zu fördern, unterstützt der Staat praktisch ausschließlich Wasserkraftwerke. Dabei haben die bereits existierenden Anlagen schon die Wasserqualität und die Überlebensfähigkeit von Arten, die in den Flüssen heimisch waren, beeinträchtigt. Staudammprojekte an den Oberläufen von Euphrat und Tigris brachten den Türken auch Ärger mit ihren Nachbarn, denn stromab bekommen Syrien und Irak die Folgen zu spüren.

Hinsichtlich der Wälder scheinen die Dinge auf den ersten Blick gut zu stehen, denn seit 1973 hat der Waldbestand um knapp 6 % zugenommen. Allerdings warnen Şekercioğlu und Kollegen davor, dass manche Aufforstungsprogramme schlecht geplant sind, wenn sie etwa einheimische Vegetation durch eine Monokultur von Nadelbäumen ersetzen. Andererseits gibt es auch Verluste durch Waldbrand und Entwaldung für Wohngebiete. Außerdem gehe der Raubbau an alten Waldbeständen weiter, sagt Şekercioğlu, und die neu angepflanzten Nadelbäume böten keinen gleichwertigen Ersatz.

Auch an den mehr als 8300 Kilometer langen Küsten, welche die Türkei von drei Seiten umfassen, ist die Lage etwas weniger rosig als sie in Tourismus-Prospekten erscheinen mag. Die Verklappung von Abfällen auf See und das Risiko von Tankerunfällen bereiten den Naturschützern Sorge. Große Bauprojekte wie der Kanal Istanbul, das Neubaugebiet »Zwei Städte«, sowie eine neue Brücke über den Bosporus, die 2015 eröffnet werden soll, haben auch ihre Risiken und Nebenwirkungen.

Umweltschützer fürchten zum Beispiel, dass die neue Brücke eine Gefährdung für Grünflächen nördlich der Metropole darstellt. Der Autobahnanschluss auf der Nordseite wird durch Gebiete führen, die jetzt noch bewaldet sind. Zu befürchten ist auch, dass sich die Ausbreitung des Stadtgebiets weiter beschleunigt.

Die Demonstrationen im Gezi-Park und auf dem Taksim-Platz im Mai und Juni 2013, die von der geplanten Überbauung einer Grünfläche mit einem neuen Einkaufszentrum ausgelöst wurden, zeigten, dass die Beton-Begeisterung von Erdogans Regierung nicht von allen Seiten Beifall findet.

Das rasche Wachstum der Metropole Istanbul, deren Einwohnerzahl sich in 35 Jahren verfünffacht hat, (von 2,5 Millionen 1975 auf 13,3 Millionen im Jahr 2010) hat auch Folgen für das Marmara-Meer, die Verbindung zwischen dem Schwarzen Meer und der Ägäis. Dieses hat durch Verschmutzung und Eutrophierung (Überdüngung) einen Großteil seines Artenreichtums verloren.

Das Schwarze Meer mag aufgrund seines größeren Volumens widerstandsfähiger sein, doch in seinen Tiefen findet sich ein einzigartiger Lebensraum, der noch unzureichend erforscht ist und womöglich auch von menschlichen Aktivitäten beeinträchtigt wird. Jenseits von 100 Metern Tiefe und bis hinab zu den tiefsten Stellen von über 2000 Metern ist das Schwarze Meer sauerstofffrei (anoxisch) und reich an Sulfiden. Es stellt das größte Gewässer der Welt dar, das diese Eigenschaften dauerhaft aufweist.

Der sauerstoffarme »Deckel«, der die anoxische Zone abgrenzt, ist bereits reich an ungewöhnlichen Mikroorganismen, doch was unter dem Deckel vorgeht, ist noch weitgehend unerforscht. Eine vorläufige Untersuchung von Claudia Wylezich und Klaus Jürgens vom Leibniz-Institut für Ostseeforschung in Warnemünde wies auf einen überraschenden Artenreichtum hin [30].

Räuber in Gefahr

Bei den Landlebewesen sind die größeren Raubtiere besonders gefährdet, zum einen, da sie an der Spitze der Nahrungspyramide vom Wohlergehen der anderen Arten abhängig sind, und zum anderen, weil sie ein großes zusammenhängendes Revier benötigen, um eine überlebensfähige Populationsgröße aufrechtzuerhalten. Von den in historischen Zeiten in der Türkei vertretenen Raubtieren sind bereits der asiatische Löwe (*Panthera leo persica*), der iranische Gepard (*Acinonyx jubatus venaticus*), sowie der kaspische Tiger (*Panthera tigris virgata*) verschwunden.

Auf dem Blog des *National Geographic* berichtete Şekercioğlu, dass der anatolische Leopard (*Panthera pardus tulliana*) vor dem Aussterben steht. Gefährdet seien außerdem der Wolf (*Canis lupus*), der Braunbär (*Ursus arctos*), der Eurasische Luchs (*Lynx lynx*), der Karakal (*Caracal caracal*), die Streifenhyäne (*Hyaena hyaena*) und andere Raubtiere.

Die vorhandenen Nationalparks sind vermutlich zu klein, um das Überleben dieser Arten in der Türkei sicherzustellen, obwohl es an detaillierten Untersuchungen hierzu noch mangelt (siehe auch den Kasten *Auf die Größe kommt es an*). Erst seit 2008 gab es unter Führung von KuzeyDoğa systematische Untersuchungen zur Ökologie der Raubtiere im Nordosten der Türkei. Es zeigte sich, dass Wölfe, die mit einem GPS-Sender ausgestattet wurden, ein Gebiet durchstreunen, das mehr als zehnmal so groß ist wie der Nationalpark, in dem man die Tiere zuerst aufgegriffen hatte.

Nach drei Jahren gelang es KuzeyDoğa, die Regierung zu überzeugen, dass sie Korridore zwischen den zu kleinen Nationalparks einrichtet. Die erste dieser Verbindungen wurde im Dezember 2011 mit dem zuständigen Ministerium vereinbart und im Juni 2012 öffentlich bekannt gegeben. Der 82 Kilometer lange Korridor wird den Sarikamiş-Allahuekber-Nationalpark in der Kars-Region mit den großen Wäldern des Kaukasus an der Grenze nach Georgien verbinden. Der Korridor wird als geschütztes Waldgebiet ausgewiesen, das mit einer Fläche von 23,5 Quadratkilometern sogar ein bisschen größer sein wird als der Nationalpark.

Zwei Drittel der Korridor-Fläche sind bereits bewaldet. Die Regierung hat sich verpflichtet, das übrige Drittel aufzuforsten und Wachpersonal für den Schutz des Gebietes einzustellen. Unterdessen wird KuzeyDoğa die ökologische Forschung in dieser Gegend weiter betreiben und damit auch den Erfolg der neuen Schutzmaßnahmen messen.

KuzeyDoğa hofft, weitere Korridore in anderen Gebieten einrichten zu können, unter anderem zwischen den Wäldern entlang der Schwarzmeerküste. Da ein Großteil des Küstenstreifens bereits bewaldet ist, wäre eine Verbindung über 1600 Kilometer vom Bosporus bis nach Georgien durchaus denkbar.

Auf die Größe kommt es an

Oft hört man, dass für den Artenreichtum eines Habitats die Größe des Gebiets entscheidend ist, und Theoretiker haben auch Formeln für diesen Zusammenhang. Aber wie kann man dies mit experimentellen Daten belegen?

Einen Glücksfall für die Forschung stellen die Gebiete dar, wo neue Stauseen entstehen und zahlreiche Inseln aus dem Wasser ragen. Hier können Wissenschaftler in einem experimentell nahezu perfekt definierten System das Schicksal von Ökosystemen verfolgen, wenn von einem Tag auf den anderen die Größe der verfügbaren Landfläche schrumpft. Umso besser, wenn der Stausee so groß ist, dass er zahlreiche Inseln verschiedener Größe aufweist.

Der Quiandao-See in China (»See der tausend Inseln«), der 1959 durch Stauung des Flusses Xin'an Jiang entstand, enthält in einer Fläche von 580 Quadratkilometern 1078 größere Inseln (mit einer Fläche von mindestens 2500 Quadratmetern). Eine im Jahre 2007 durchgeführte systematische Untersuchung zeigte, dass kleinere Inseln weniger Eidechsenarten beherbergen als größere [31].

In einer neueren Arbeit untersuchten Luke Gibson von der Nationaluniversität von Singapur und Kollegen aus Thailand, den USA und Kanada 16 der über 100 Inseln in dem See Chiew Larn in Thailand, der 1986–1987 angelegt worden war. Sie registrierten die Artenvielfalt kleiner Säugetiere an zwei weit auseinanderliegenden Zeitpunkten, einmal 5–7 Jahre nach Entstehung des Sees, und dann wieder nach 25–26 Jahren [32].

Bei der ersten Zählung beherbergten die Inseln, die mehr als zehn Hektar groß waren, jeweils sieben bis zwölf Arten. Bei der zweiten Untersuchung fanden die Forscher nur noch bis zu fünf Arten, oft auch nur eine oder zwei. Auf vielen kleineren Inseln war die einzige überlebende Säugerart die malaiische Ratte (*Rattus tiomanicus*).

In Übereinstimmung mit früheren Studien an Vögeln zeigt diese Untersuchung, dass die Fragmentierung des Lebensraums auch bei Säugern innerhalb von wenigen Jahrzehnten zu einem dramatischen Artenverlust führt. Bei den Stauseen kann man natürlich nicht viel dagegen machen, aber bei der Planung und Einrichtung von Schutzgebieten sollte man diese Erkenntnisse berücksichtigen und gegebenenfalls die effektive Größe von Schutzgebieten durch Verbindungskorridore verbessern.

8
Invasion der Waschbären

Die aus Nordamerika zur Pelztierzucht eingeführten Waschbären werden in manchen Gegenden Europas zur Plage. Sie sind eines von vielen Beispielen dafür, dass die von Menschen verursachte oder erleichterte Invasion von Arten die Ökologie durcheinanderbringen kann.

Waschbär (Foto: Nerys H. Groß).

Beim Thema Waschbären denkt man zunächst an Nordamerika, an Pocahontas und Lederstrumpf, aber in den vergangenen Jahrzehnten hat sich das putzige Tier mit der schwarzen Maske auch in Europa breitgemacht. In Deutschland gelten sie mancherorts schon als eine Plage, wenn sie aus den Wäldern in Wohngebiete am Stadtrand vordringen und die Mülleimer plündern oder sich unterm Dach einnisten. Solche Probleme kennt man etwa aus Kassel und Bielefeld, wie der *Spiegel* im Sommer 2012 berichtete. Förster schätzen, dass sich demnächst mehr als eine Million Waschbären in deutschen Wäldern tummeln werden, und da hört irgendwann der Spaß auf.

Invasion der Waschbären Erste Auflage. Michael Groß.
© 2014 WILEY-VCH Verlag GmbH & Co. KGaA.

Die Invasion der Waschbären ist in der umfangreichen Geschichte menschlichen Versagens im Umgang mit der Natur insofern ein bemerkenswerter Sonderfall, als dass man das ganze Problem auf eine gut dokumentierte dumme Idee zurückführen kann, die sich mit Datum und Stempel in den Archiven findet. Seit den 1920er-Jahren gab es in Deutschland bereits Waschbären die in Gefangenschaft als Pelztiere gezüchtet wurden. Im April 1934 erteilte die zuständige Forstbehörde einem Geflügelzüchter dann die Genehmigung, zwei Pärchen in der Nähe des Edersees bei Kassel freizusetzen. Der Antragsteller handelte »aus Freude, unsere heimische Fauna bereichern zu können,« wie der *Spiegel* in einem Bericht über die aktuelle Waschbären-Plage zitierte.

Eine Landkarte der heutigen Waschbärbevölkerung zeigt deutlich, dass diese Freisetzung am Edersee eine Quelle des Problems ist. Allerdings gibt es eine zweite Quelle in der Nähe von Berlin, wo eine Pelztierzucht im zweiten Weltkrieg von Bomben getroffen wurde und einige Waschbären entkamen.

Invasionen von Tier- und Pflanzenarten gibt es in großer Zahl und rund um den Globus. Meist sind die Eindringlinge, die man in der Fachsprache Neobiota nennt (Singular: Neobiont), nicht so auffällig wie die Waschbären, aber oft bereiten sie ernsthafte Probleme. In Großbritannien verdrängen die aus Amerika eingeführten grauen Eichhörnchen die einheimischen (und auch in Kontinentaleuropa weit verbreiteten) roten. Australien erlebte ein Schulbuchbeispiel der biologischen Invasion, als die Einführung und hemmungslose Vermehrung von Kaninchen zu katastrophalen Auswirkungen führte. Unterdessen fürchten Imker in Europa, dass das Vordringen der asiatischen Hornisse ihre Bienenvölker gefährden könnte – zusätzlich zu den anderen Sorgen, die sie bereits haben (siehe Kapitel 3).

Ameisen-Globalisierung

Ein gut untersuchtes Beispiel einer Arten-Invasion ist das der argentinischen Ameise (*Linepithema humile*), die sich in nahezu allen Regionen mit subtropischem Klima breitgemacht hat. Ameisen dieser Art bilden sogenannte Superkolonien, deren Lebensraum sich über Hunderte, ja sogar Tausende von Kilometern erstrecken kann. Innerhalb dieser Ameisen-Imperien akzeptieren alle Individuen einander als Landsleute. Deshalb gibt es weniger Konflikte innerhalb der Art als bei anderen Ameisenarten. Vielleicht ist dies einer der Gründe für die erfolgreiche Verbreitung der Art.

Núria Roura-Pascual von der Universität Girona in Spanien hat zusammen mit einem internationalen Team untersucht, was die Invasion der argentinischen Ameise erfolgreich macht. Vor allem spielt das Klima und die Veränderung der Umweltbedingungen durch den Menschen eine Rolle, wie die Studie zeigte [33]. Bereits etablierte Ameisenarten verhindern die Invasion nicht, außer wenn sie mit der argentinischen Ameise nahe verwandt sind.

Überraschenderweise spielte das Ausmaß von menschlichen Verkehrs- und Handelsströmen keine große Rolle für das Verteilungsmuster. Offenbar bieten selbst wenig befahrene Handelsrouten noch genügend Mitfahrgelegenheiten für die Ameise, um sich am Zielort zu etablieren, wenn dort das Klima geeignet ist. Weiteren Aufschluss über die Erfolgsgeheimnisse der argentinischen Ameise erhoffen sich die Forscher von der detaillierten Untersuchung ihres Genoms, das im April 2011 publiziert wurde [34].

Die »Lebenszyklusstrategie« der Neobiota ist ein Faktor, der vermutlich wichtig, aber noch zu wenig verstanden ist. Darunter versteht man in der Ökologie die Art, wie sich Lebewesen ihre Zeit und Energie einteilen, um sich möglichst effizient fortzupflanzen. Daniel Sol vom spanischen Forschungszentrum für Ökologie und Forstwirtschaft (CREAF-CSIC) hat zusammen mit Kollegen aus Spanien und Großbritannien den Einfluss der Lebensgeschichte bei 2760 eingeführten Vogelarten untersucht, von denen 47 % eine erfolgreiche Invasion etablieren konnten [35].

Die Forscher überprüften die oft vertretene Vermutung, dass ein schneller Vermehrungszyklus die Invasion aussichtsreicher macht. Diesen Zusammenhang konnten sie allerdings nur in Fällen bestätigen, die von einer extrem kleinen Einwanderergruppe ausgehen. Wenn die Gefahr besteht, dass ein Zufallsereignis die gesamte eingewanderte Population auf einmal auslöscht, dann hilft rasche Fortpflanzung, diese Gefahr zu verringern. Hat die eingewanderte Gruppe allerdings bereits eine hinreichende Größe, dann hat die Fortpflanzungsgeschwindigkeit keinen messbaren Effekt auf die Überlebenschancen.

Die Forscher untersuchten dann eine alternative Möglichkeit, dass nämlich das Erfolgsgeheimnis invasiver Arten in ihrer Lebensgeschichte liegt. Vorteilhaft könne es zum Beispiel sein, so die neue Hypothese, wenn ihre Fortpflanzungsstrategie das Wohlergehen der nachfolgenden Generationen höher bewertet als die Anzahl der direkten Nachkommen. Den Parameter, mit dem man solche strategischen Unterschiede einordnen kann, nennen die Forscher den Brutwert (brood value). Sie fanden heraus, dass ein geringer Brutwert, also wenn die Eltern nicht alle Anstrengungen auf sehr wenige Brutereignisse konzentrieren, den Erfolg der Invasion wahrscheinlicher macht.

Anschaulich machen kann man sich das wie folgt: Neuankömmlinge haben sich an die neue Umgebung noch nicht perfekt angepasst, sie kennen sich nicht so gut aus, und können deshalb den Gefahren nicht so gut aus dem Weg gehen wie die Einheimischen. Wenn sie nun ihren ganzen Fortpflanzungserfolg auf eine Karte setzen, also auf den Erfolg der ersten Brut hoffen, dann besteht die Gefahr, dass sie ihr Nest an einer gefährdeten Stelle gebaut haben und die nächste Generation zum Beispiel einem Raubtier zum Opfer fällt. Hat die einzelne Brut hingegen einen geringen Wert und die Eltern verteilen ihre Fortpflanzungshoffnungen auf eine größere Zahl von Ereignissen, dann ist das Risiko besser verteilt und ihr Lernerfolg hinsichtlich der Gefahren der neuen Umgebung kann den später geborenen Nachkommen eine bessere Startposition verschaffen.

Migrationsstatistik

Um die Vorgänge bei der Invasion von Arten besser verstehen zu können und gegebenenfalls Schäden an den einheimischen Ökosystemen abwehren zu können, muss man erst einmal die Zuwanderung möglichst umfassend registrieren. Zu diesem Zweck gibt es spezielle Online-Datenbanken, für Europa zum Beispiel DAISIE (Delivering Alien Invasive Species Inventory for Europe[1]). Im September 2012 wurde eine neue Version dieser Datenbank vorgestellt, die nun Angaben zu mehr als 12 000 Arten enthält, darunter mehr als 6000 Pflanzenarten. Experten aus ganz Europa liefern Daten und kümmern sich darum, dass die Datenbank auf dem neuesten Stand bleibt. Auch in

---

1) www.europe-aliens.org, letzter Zugriff: 6. April 2014.

den USA und bei der weltweit operierenden Artenschutzorganisation IUCN gibt es vergleichbare Datenbanken.

Die meisten Eindringlinge sind harmlos, aber die Fachleute schätzen, dass rund 15 % von ihnen wirtschaftliche Schäden anrichten, und ein vergleichbarer Anteil die einheimische Artenvielfalt beeinträchtigt. Ökologische Schäden können ganz einfach darauf zurückzuführen sein, dass der Neuankömmling sich nicht richtig in das Netzwerk der Nahrungsketten einfügt. Wenn eine neue Art zwar genügend Futter oder Beute findet, aber ihrerseits keinen Fressfeind hat, dann kann sie sich unkontrolliert ausbreiten und anderen Arten Probleme bereiten.

So hat sich zum Beispiel die Rosskastanienminiermotte (*Cameraria ohridella*) seit den 1980er-Jahren in Europa ausgebreitet und 2002 Großbritannien erreicht. Dieses Insekt schädigt Rosskastanien, hatte aber auf den britischen Inseln keinen natürlichen Feind, sodass es sich in bedenklichem Maße vermehren konnte. Inzwischen gibt es allerdings Hinweise darauf, dass ihm seine Parasiten gefolgt sind, und dass sich auch auf den britischen Inseln ein natürliches Gleichgewicht einstellen kann.

Wenn es einer invasiven Art tatsächlich gelingt, ihre Feinde hinter sich zu lassen, ist der Import der fehlenden Art bisweilen die beste Lösung – vorausgesetzt, man kann sich sicher sein, dass dieser Import keinen Kollateralschaden auslöst. Diese Vorgehensweise hat sich zum Beispiel beim Japanischen Staudenknöterich bewährt, einem überaus hartnäckigen Unkraut. In Japan gibt es eine Art von Blattflöhen (*Aphalara itadori*), welche die Ausbreitung der Pflanzenart in Grenzen hält. Dieser Blattfloh ist so hochgradig spezialisiert, dass er nur diese eine Pflanzenart schädigt. Die Firma CABI hat eine Strategie entwickelt, die es ermöglicht, das Unkraut auf diese Weise zu bekämpfen.

Sorgen bereiten auch die Invasionen (oder in manchen Fällen die Rückkehr) von Arten, die Krankheiten übertragen können. Die von Stechmücken übertragene Krankheit Malaria ist in Europa seit Ende der 1960er-Jahre ausgerottet, könnte aber mithilfe des Klimawandels eines Tages zurückkehren. Ein weiteres Problem ist die asiatische Tigermücke (*Stegomyia albopicta*), die oft mit importierten Autoreifen nach Europa kommt. Sie hat sich bereits im Sommer 2012 im Raum Köln–Bonn verbreitet. Diese Art kann in den Tropen viele gefährliche Virus-Krankheiten übertragen, unter anderem das Dengue-Fieber und das West-Nil-Virus [36].

Im August 2012 gab das Europäische Zentrum für die Prävention und die Kontrolle von Krankheiten (ECDC) in Stockholm neue Richtlinien zum Schutz vor Moskitos in Europa heraus. Einige Jahrzehnte lang gab es für solche Vorsichtsmaßnahmen in Europa keinen Bedarf, doch diese Schonzeit ist jetzt offenbar abgelaufen.

Bei Moskitos, die tödliche Krankheitserreger übertragen, gibt es wohl keine Meinungsverschiedenheiten darüber, dass man sie so wirkungsvoll wie irgend möglich bekämpfen sollte. Schwieriger ist die Frage, wie man mit anderen Einwanderern verfahren sollte, etwa den Waschbären in Europa.

Wenn sie Tollwut bekommen, können Waschbären ein Gesundheitsproblem werden. Mehr als hundert Tollwutfälle bei Waschbären wurden in Deutschland und Osteuropa bereits registriert. Probleme werden auch aus Spanien berichtet, wo als Haustiere gehaltene Waschbären offenbar das Weite gesucht und eine blühende Population begründet haben. Eine medizinische Untersuchung der putzigen Tiere fand, dass sie ein breites Spektrum von Krankheitserregern mit sich herumtragen [37].

In Deutschland ist es noch sehr umstritten, ob man die Waschbären dezimieren sollte. Sie werden mancherorts bereits gejagt, aber andererseits haben sie mit ihrer natürlichen Niedlichkeit das Interesse der Tierschützer geweckt, und man könnte ja argumentieren, dass sie inzwischen lange genug in Deutschland ansässig gewesen sind, um hier Asyl zu beantragen. Schießlich sind wir, *Homo sapiens*, eine afrikanische Art, die sich über die übrigen Kontinente verbreitet und dabei einen beispiellosen Flurschaden angerichtet hat, also haben wir eigentlich kein Recht, den Waschbären Vorwürfe zu machen.

9
Katzen rund um die Welt

Von den 37 heute noch lebenden Arten von katzenartigen Raubtieren sind die meisten gefährdet. Das Überleben dieser Tierarten ist nicht nur ein Anliegen für sentimentale Katzenliebhaber – vielmehr zeigt die Gefährdung der Räuber an der Spitze der Nahrungspyramide an, dass es dem ganzen Ökosystem nicht gut geht.

Die »Ur-Katze« – die Spezies, aus der die Hauskatze ebenso wie alle heute noch lebenden katzenartigen Raubtiere hervorgingen – lebte wohl vor knapp 11 Millionen Jahren in Asien. Vor rund neun Millionen Jahren begaben sich die Katzen-Vorfahren auf die Wanderschaft nach Afrika und Amerika [38]. Ihre weitere Ausbreitung war kompliziert. Manchmal kehrten neu entstandene Arten sogar in die Gebiete zurück, die ihre Vorfahren vor (geologisch) nicht allzu langer Zeit verlassen hatten.

Zum Beispiel eroberte der gemeinsame Vorfahre von Puma und Gepard in der ersten Ausbreitung der Katzenartigen Nordamerika. Später zog der Puma weiter nach Südamerika, und dann zurück nach Nordamerika. Der Gepard hingegen kehrte nach Asien zurück und gelangte von dort nach Afrika, wo er heute vor allem beheimatet ist (obwohl es auch im Iran noch Geparden gibt, siehe Abschnitt »Geparden und Leoparden in Asien«).

Diese Reiselust mag auf den ersten Blick überraschen, doch sie erscheint logisch, wenn man sich den Lebensstil der Raubkatzen anschaut, die meist ein großes Revier kontrollieren. Es ist heute noch gängig, dass Jungtiere über große Entfernungen wandern, um ein neues Revier zu finden.

Als unsere Vorfahren begannen, das heimische Afrika zu verlassen, hatten die Katzenartigen bereits auf fünf Kontinenten die Spitze der Nahrungspyramide erobert. In Südamerika gewannen sie den Überlebenskampf gegen die Beuteltiere. Die zweibeinigen Allesfresser, die

Invasion der Waschbären Erste Auflage. Michael Groß.
© 2014 WILEY-VCH Verlag GmbH & Co. KGaA.

sich von Afrika aus über den Globus verbreiteten, mögen den Raubkatzen des Holozän zunächst harmlos erschienen sein. Doch mit ihren immer wirksamer werdenden Waffen wurden die Menschen erst
zum Konkurrenten und dann zur direkten Bedrohung für die Katzen.

Jahrzehntelang, und mancherorts bis in die 1970er-Jahre, betrach-
tete man manche Raubtierarten, etwa die Tiger in China, als eine
Plage, die es systematisch auszurotten galt. Heute ist die Jagd auf
Raubkatzen streng überwacht, aber der Verlust von Lebensraum und
Beutetieren setzt den Katzenartigen dennoch schwer zu, wie die fol-
genden Beispiele zeigen.

Das letzte Jahr des Tigers?

Im chinesischen Kalender begann am 14. Februar 2010 das Jahr
des Tigers. Wenn es das nächste Mal wiederkehrt (2022), kann es
durchaus sein, dass es dann in freier Wildbahn keine Tiger mehr gibt.
Der World Wildlife Fund for Nature (WWF) nutzte den chinesischen
Kalender, um auf die Bedrohung der gestreiften Raubkatze aufmerksam zu machen, aber ist es für ihre Rettung vielleicht schon zu spät?

Die Schätzungen vom Jahr 2012 belaufen sich auf 3200 frei lebende Tiger – hundert Jahre zuvor hatte es rund 100 000 gegeben. In
China unterschied man bis vor kurzem vier Unterarten. Für eine von
ihnen, den Amoy-Tiger (*Panthera tigris amoyensis*) war aber der Ende
der 1970er-Jahre durchgesetzte Artenschutz offenbar nicht rechtzeitig
gekommen. Im Jahre 2007 gaben die chinesischen Behörden offizi-
ell bekannt, dass es keine Belege für ein Überleben dieser Unterart in
der Wildnis gebe.

Etwas besser sieht es für den Amur-Tiger aus, der im Nordosten des
Landes über die Grenze nach Russland hinweg verbreitet ist. Das auf
russischer Seite neu eingerichtete Naturschutzgebiet »Land des Leoparden« (siehe Anfang Kapitel 6) wird womöglich auch dem Amur-
Tiger nutzen und ihm einen Rückzugsraum bieten, von dem aus er
sich auch in China wieder etablieren kann.

Der Indochinesische Tiger (*Panthera tigris corbetti*) lebt an Chinas
südlicher Grenze zu Vietnam, Laos und Myanmar (Birma). Auch hier
ist internationale Zusammenarbeit erforderlich, um den Artenschutz
zu verbessern. Derzeit ist es ungewiss, ob diese Unterart überhaupt
noch auf chinesischem Gebiet ansässig ist. Die einzige Unterart von

Tigern, die im letzten Jahr des Tigers noch unter chinesischer Herrschaft lebte, war womöglich der Bengaltiger in Tibet.

Einen wesentlichen Beitrag zur Bedrohung und Ausrottung der Tiger in China leistet auch die Nachfrage nach Tigerknochen und anderen Körperteilen in der traditionellen chinesischen Medizin. Obwohl die moderne Wissenschaft dafür keine Belege gefunden hat, glauben viele Menschen in China und in der Diaspora rund um den Globus an die Heilkräfte von Tigerprodukten gegen ein breites Spektrum von Krankheiten wie Rheuma, Lepra, Arthritis, Epilepsie, Malaria, Schlaflosigkeit, Fieber, Akne und andere Hautkrankheiten, bis hin zu Zahnschmerzen, Bisswunden und Faulheit. Die zugrunde liegende Idee scheint zu sein, dass der Tiger alle diese Probleme nicht hat und folglich ein wirksames Mittel gegen sie besitzen muss.

Die Tiger haben vor weniger als 100 000 Jahren einen gefährlichen genetischen Engpass überlebt, der vermutlich von dem gigantischen Ausbruch des Vulkans Toba auf Sumatra ausgelöst wurde. Anders als beim Geparden ist aber genetische Verarmung beim Tiger kein besonderer Grund zur Sorge. Es gibt derzeit rund 18 000 Tiger, und damit auch genügend Individuen und genetische Vielfalt, um den Fortbestand der Art zu garantieren. Der einzige Schönheitsfehler ist der, dass fünf von sechs Tigern in Gefangenschaft leben. Tiger sind – solange der Fleischnachschub gewährleistet ist – relativ leicht zu züchten und zu halten, und da sie auf uns Menschen eine besondere Faszination ausüben, werden sie wohl so lange überleben wie wir. Es sind vor allem der natürliche Lebensraum und -stil der gestreiften Räuber, die vom Aussterben bedroht sind.

Korridore für Jaguare

Was für Asien der Tiger, ist für Mittel- und Südamerika der Jaguar. Auch er war das dominierende Raubtier des Kontinents und spielt in den Mythen und Legenden der dort lebenden Völker eine wichtige Rolle. Auch er ist bedroht von der Vernichtung und Zerstückelung seines Lebensraums.

Die auf Raubkatzen spezialisierte Naturschutzorganisation Panthera stand im Jahre 2012 in Verhandlungen mit fast allen Regierungen Lateinamerikas, um dem Jaguar einen besseren Schutz angedeihen zu lassen. Im Juli 2012 hat die Organisation zum Beispiel einen Vertrag mit der Regierung von Costa Rica unterschrieben, der eine offizielle Strategie zum Schutz des Jaguars in diesem Land festlegt und der Einrichtung eines Korridors für Jaguare Priorität einräumt. Costa Rica gilt in Lateinamerika als Musterschüler in Sachen Artenschutz. Es gibt dort bereits 160 Naturschutzgebiete, und außer dem Jaguar überleben dort noch fünf weitere Arten von katzenartigen Raubtieren.

Letztendlich will Panthera ein ganzes Netz von solchen Korridoren einrichten, welche die letzten Refugien des Jaguars in Lateinamerika verbinden und es den Raubkatzen ermöglichen über große Entfernungen zu wandern, wie es ihrer Natur entspricht.

Auch in Kolumbien sind Experten von Panthera aktiv. Dort gelang es ihnen im Jahre 2012 erstmals, Jaguare auf einer Palmöl-Plantage zu fotografieren. Diese Fotos stellen einen wichtigen wissenschaftlichen Befund dar, denn es ist aus Indonesien bekannt, dass Tiger diese Plantagen meiden und deren Ausbreitung allmählich ihren Lebensraum zurückdrängt. Jaguare scheinen hingegen nicht ganz so ängstlich zu sein und durchqueren auch landwirtschaftlich genutzte Flächen, was die Einrichtung von zusammenhängenden Schutzgebieten erleichtert.

Löwen sind nicht zum Spielen da

Jaguare und Tiger gehören zusammen mit Leoparden (*Panthera pardus*) und Löwen (*Panthera leo*) zu einer eng verwandten Gruppe von Raubkatzen, welche die Fähigkeit besitzen, zu brüllen. Nach der Roten Liste der IUCN ist der Löwe (*Panthera leo*) »gefährdet« (vulnerable), also nur eine Stufe entfernt von »stark gefährdet« (endangered; die Einstufung der Tiger). Ebenso wie die Tiger werden Löwen in großer Zahl in Gefangenschaft gehalten. Ob diese Tiere aber jemals einen sinnvollen Beitrag zum Erhalt der Art in freier Natur leisten können, ist höchst umstritten.

In Südafrika gibt es zum Beispiel sogenannte Begegnungsprogramme, wo Besucher gegen Geld mit zahmen Löwen spielen können. Die Betreiber behaupten gerne, dass diese Löwen letztendlich in die Wildnis entlassen werden, und dass die Besucher mit ihrem Beitrag den Erhalt der Art unterstützen. Eine wissenschaftliche Untersuchung hat allerdings diese Behauptung widerlegt und gezeigt, dass es keine erfolgreiche Integration von Löwen aus solchen Programmen in den natürlichen Lebensraum gibt [39]. Die Autoren der Studie kommen zu dem Schluss, dass eine Wiedereinführung von Löwen ausschließlich durch Transfer von Tieren mit einem vergleichbaren genetischen und ökologischen Hintergrund erfolgen sollte.

Geparden und Leoparden in Asien

Auch in Vorderasien gibt es Raubkatzen, um die man sich Sorgen macht. Im Nordosten des Iran gilt der asiatische Gepard als kritisch gefährdet. Zwar hat die iranische Regierung der Art, die als Symbol der Tierwelt im Iran gilt, besondere Aufmerksamkeit geschenkt und alle Gebiete, wo in letzter Zeit Geparden gesichtet wurden, zu Naturschutzgebieten erklärt. Dennoch steht zu befürchten, dass es nur noch rund 70 Geparden im Iran (und damit auf dem ganzen asiatischen Kontinent) gibt. Damit ist der asiatische Gepard auf Platz zwei in der Hitparade der am stärksten bedrohten Arten, gleich hinter dem Amur-Leoparden.

Asiatische Geparden jagen normalerweise Huftiere, etwa Wildschafe, aber in den vergangenen Jahren hat die Verknappung ihrer Beute im Nordosten Irans dazu geführt, dass sie sich auch an Weidetieren der Bauern vergreifen, wie eine Studie von Mohammad Farhadinia und Kollegen zeigte [40]. Kleine Säugetiere können gelegentlich als Zwischenmahlzeit dienen, können den Hunger der Geparden aber nicht auf Dauer stillen. In anderen Teilen des Landes können die wenigen überlebenden Geparden hingegen auf einigermaßen stabile Beute-Populationen zugreifen.

Auf der gegenüberliegenden Seite des Persischen Golfs, im Sultanat Oman, sorgt man sich um das Überleben des arabischen Leoparden (*Panthera pardus nimr*). Die Regierung des Sultanats hat Earthwatch eingeladen, sich vor Ort um den Schutz dieser Art zu kümmern. Zunächst gilt es, bessere Daten über die vorhandenen Leoparden, ihre Lebensweise und Beute zu sammeln. Erst dann kann man mithilfe dieser Informationen geeignete Maßnahmen zur Verbesserung der Situation diskutieren. Schließlich ist auch die Ausbildung von einheimischen Naturschützern ein wichtiges Element des Projekts.

Zusammenfassend lässt sich sagen, dass die Katzenartigen rund um den Globus überall Probleme haben, und ihr größtes Problem heißt *Homo sapiens*. Nur eine Art hat sich mit den neuen Herrschern der Welt angefreundet und es verstanden, an ihrem Erfolg teilzunehmen: die Hauskatze.

10

Kohlenstoffbilanz der Wale

Im Gegensatz zu Menschen und Rindern leisten Wale einen positiven Beitrag zum Klimaschutz. Dies ist ein weiterer Grund, die Meeressäuger vor menschlichen Bedrohungen zu schützen.

Wenn es darum geht, das Erdklima vor einem weiteren Anstieg der Kohlendioxidkonzentration zu schützen, dann sind Pflanzen nützlich, da sie CO_2 abbauen, aber Tiere normalerweise schädlich, da sie CO_2 ausscheiden. Unter den Tieren sind Rinder ganz besondere Klimaschädlinge, da sie zusätzlich das Gas Methan emittieren, das noch viel stärker zum Treibhauseffekt beiträgt als das CO_2. Wale hingegen könnten unterm Strich sogar den Klimawandel bremsen, wie zwei im Jahre 2010 veröffentlichte Studien nahelegen.

Zwar atmen auch die Meeressäuger Kohlendioxid aus wie unsereiner, aber für ihre Ökobilanz fällt auch ins Gewicht, was ihre Verdauung übriglässt, und wo ihr riesiger Körper nach ihrem Ableben verbleibt. Der klimatischen Bedeutung toter Wale widmeten sich Andrew Pershing und Kollegen an der University of Maine im gleichnamigen US-Bundesstaat. Ihre Erkenntnisse weisen darauf hin, dass ein Wal, der im offenen Ozean eines natürlichen Todes stirbt, auf den Meeresboden absinkt und damit seinen gesamten Kohlenstoffgehalt für einige Jahrhunderte aus dem Verkehr zieht [41].

Diese Überlegung gibt den Naturschützern, die gegen Walfang protestieren, ein weiteres Argument an die Hand. Wenn ein Wal an der Oberfläche verwertet wird, ganz gleich ob er verspeist, verfüttert oder verbrannt wird, dann wird der Kohlenstoff, der im natürlichen Gang der Dinge auf dem Meeresboden landen sollte, letztendlich als CO_2 in die Atmosphäre gepustet.

Trish Lavery und Kollegen von der Flinders-Universität in Adelaide, Australien, haben sich hingegen mit den Exkrementen von Pottwalen befasst und kommen zu dem Schluss, dass zumindest die Pottwale

Invasion der Waschbären Erste Auflage. Michael Groß.
© 2014 WILEY-VCH Verlag GmbH & Co. KGaA

im Südlichen Ozean in ihrem natürlichen Lebenszyklus der Umwelt insgesamt mehr Kohlendioxid entziehen als sie ihr hinzufügen [42].

Dieses scheinbar paradoxe Ergebnis liegt vor allem an dem Element Eisen, das im Südlichen Ozean bekanntermaßen nur knapp vorhanden ist und somit limitierend für das Wachstum von Photosynthese treibenden Lebewesen wie etwa den Kieselalgen (Diatomeen) ist (siehe auch Kapitel 24). Bekommt der Ozean zusätzlich Eisen zugeführt, etwa durch einen Eisberg, der sich vom antarktischen Eisschild löst, oder durch wissenschaftliche Experimente wie Lohafex (dem bisher größten Experiment zur Eisendüngung), so kann man eine Algenblüte beobachten. Dabei geht die rasche Reaktion am Anfang vor allem von Diatomeen aus, und diese tendieren dazu, nach ihrem Tod auf den Meeresboden abzusinken, also den aufgenommenen Kohlenstoff zu sequestrieren.

Die Pottwale ernähren sich nun sehr gesund und eisenreich, indem sie in tiefem Wasser, oft jenseits von 1000 Metern Tiefe, Tintenfische jagen und verspeisen. Diese enthalten mehr Eisen als der Pottwal braucht, und deshalb scheidet er mit seinen Exkrementen Eisen aus, und zwar nicht in der Tiefe, wo er es gefunden hat, sondern meist in der Nähe der Oberfläche. Lavery und Kollegen kommen, zusammen mit Victor Smetacek (einem Wissenschaftler mit Erfahrung im Bereich Eisendüngung), zu dem Schluss, dass die 12 000 heute noch im südlichen Ozean lebenden Pottwale Jahr für Jahr 50 Tonnen Eisen in Oberflächennähe ausscheiden. Das ist mehr als achtmal so viel, wie bei Lohafex eingesetzt wurde.

Aufgrund von Smetaceks Erfahrung mit Eisendüngung konnten die Forscher nun ausrechnen, wie viel Kohlenstoff aufgrund der eisenreichen Ausscheidungen der Pottwale sequestriert wird – sie kamen auf eine beeindruckende Zahl, 400 000 Tonnen pro Jahr. Das ist doppelt so viel, wie die Wale mit ihrer Atmung erzeugen. Unterm Strich sind die Pottwale damit Klimaretter – noch ein Grund, sie nicht zu jagen.

Gemessen an den acht Milliarden Tonnen Kohlenstoff (im Jahr 2005), die wir Menschen durch Verbrennen fossiler Rohstoffe in die Atmosphäre pusten, ist die Netto-Sequestrierung der Pottwale mit 200 000 Tonnen zwar nur ein schwacher Trost. Man schätzt allerdings, dass es in historischen Zeiten – vor der hochtechnischen Waljagd – rund zehn mal mehr Pottwale im Südpolarmeer gab. Demnach hat also die Dezimierung dieser Art eine jährliche Abscheidung von zwei Millionen Tonnen Kohlenstoff verhindert, und das ist schon keine vernachlässigbare Menge mehr.

Dies gilt umso mehr, als die Befunde sich vermutlich auch auf andere Walarten in anderen Regionen der Weltmeere übertragen lassen. In rund einem Fünftel der Ozeanfläche herrscht Eisenmangel, und jede Art, die sich außerhalb der sonnendurchstrahlten Zone ernährt und in Oberflächennähe zur Toilette geht, kann zur Sequestrierung von Kohlenstoff beitragen. Hinweise auf klimafreundliche Effekte fand auch eine andere Studie unter Leitung von Stephen Nicol von der University of Tasmania in Australien [43]. Hier wurden Bartenwale untersucht. Zu dieser Unterordnung gehören viele bekannte Großwale, wie Blauwal, Grauwal und Buckelwal. Diese hatten womöglich vor ihrer Dezimierung einen noch größeren Kohlenstoff sequestrierenden Effekt als die Pottwale (die zu der separaten Unterordnung der Zahnwale gehören).

Dennoch fallen die bereits stark dezimierten Walpopulationen der Weltmeere weiterhin menschlichen Aktivitäten zum Opfer. Zwar gibt es ein internationales Moratorium zum Walfang, das 1986 in Kraft trat und mehrere Walarten vor dem Aussterben rettete.

Mehrere Walfang-Nationen jagen die Meeressäuger jedoch trotzdem, mit verschiedenen Vorwänden und Ausnahmeregeln. Japan betreibt Walfang angeblich nur zu Forschungszwecken, Norwegen hatte gegen das Moratorium Einspruch eingelegt und ist deshalb nicht an die Regel gebunden, und Island hat den Walfang zwar zeitweise aufgegeben, dann aber wieder aufgenommen. Darüber hinaus haben einige Bevölkerungsgruppen wie etwa die Inuit in Kanada das verbriefte Recht, Wale mit traditionellen Methoden und in kleinem Maßstab zu jagen.

Neben der Jagd sind Wale auch durch Nebenwirkungen anderer menschlicher Aktivitäten gefährdet, etwa wenn sie sich als »Beifang« in Schleppnetzen verheddern oder wenn akustische Emissionen der Schifffahrt sie um ihre Orientierung bringen.

Der Schutz der Wale vor den Menschen ist nach wie vor eine Kampfzone, wo sowohl diplomatische als auch handgreifliche Konflikte immer wieder einmal aufflammen. Da wir nun wissen, dass die Wale – im Gegensatz zu uns Menschen – das Ihre dazu beitragen, das Erdklima vor einem katastrophalen Treibhauseffekt zu schützen, sollten wir umso mehr darauf achten, dass wir ihre Bestände nicht noch weiter dezimieren.

11
Ökologie von wilden und zahmen Tieren

Interessenskonflikte zwischen Mensch und Tier sind im Natur-schutz eines der häufigsten Probleme. Man denkt sogleich an die wilden Raubtiere, die wehrlose Zuchttiere reißen, aber die Fronten zwischen wilden und zahmen Tieren können auch ganz anders ver-laufen, und schwierig wird es vor allem dann, wenn auf beiden Seiten wohlmeinende Menschen für ihre tierischen Lieblinge Partei ergreifen.

Seitdem die Menschen die Landwirtschaft einführten und nützli-che Tierarten domestizierten und in ihren Schutz nahmen, drangten sie wilde Tiere zurück, beschnitten ihren Lebensraum, und hielten sie gewaltsam von ihren Herden fern. Als konkurrierender Allesfres-ser an der Spitze der Nahrungspyramide mit immer wirkungsvolle-ren Waffen haben wir zahlreiche Tierarten ausgelöscht und von den verbleibenden bereits etliche an den Rand des Aussterbens getrieben (siehe zum Beispiel die Kapitel 7 und 9).

Versuche, die verbleibende Artenvielfalt zu bewahren, kollidieren oft mit den berechtigten Interessen von Tierhaltern, die ihre Nutztiere vor Räubern schützen wollen. Aber manchmal liegen die Interessen auch ganz anders verteilt, zum Beispiel wenn Haustiere zu Räubern und Wildtiere zu ihren Opfern werden.

Katzenjammer

Anfang 2013 sträubte sich vielen Katzenliebhabern in den Vereinig-ten Staaten das Fell, als Scott Loss und seine Kollegen vom Smithso-nian Conservation Biology Institute in der US-Bundeshauptstadt Wa-shington eine Metastudie veröffentlichten, die zu dem Schluss kam, dass Hauskatzen sehr viel mehr Wildtiere töten als man bisher ange-nommen hatte [44].

Invasion der Waschbären Erste Auflage. Michael Groß.
© 2014 WILEY-VCH Verlag GmbH & Co. KGaA.

Allein in den 48 geografisch zusammenhängenden Bundesstaaten (also in allen außer Hawaii und Alaska), so ermittelten die Forscher, massakrieren die Stubentiger vermutlich zwischen 1,4 und 3,7 Milliarden Vögel, wobei der Wert mit 50-prozentiger Wahrscheinlichkeit 2,4 Milliarden übertrifft. Bei Säugern, also zum Beispiel Mäusen und Ratten, lag der Rahmen der Möglichkeiten von 6,9 bis 20,7 Milliarden, mit einem Medianwert von 12,3 Milliarden. Allerdings ist die Dezimierung der lästigen Nagetiere ja meist erwünscht, während das Gemetzel der Vögel für große Aufregung sorgte.

Wenn diese Zahlen wirklich zutreffen, dann sind Hauskatzen die größte von Menschen verschuldete Bedrohung für Vögel. Sie würden dann andere Gefahren wie Kollisionen mit Gebäuden oder Fahrzeu-

Poster für eine Protestdemonstration gegen die Dezimierung der Dachse, die im Juni 2013 stattfand. (Bild: London Against the Cull, londonagainstthecull. org.uk.)

gen, sowie die Vergiftung durch Pflanzenschutzmittel weit hinter sich lassen.

Es ist wenig verwunderlich, dass die schlimmsten Räuber, und gleichzeitig auch der größte Unsicherheitsfaktor in dieser Studie, die herrenlosen Katzen sind, die sich wohl oder übel um ihre Verpflegung selbst kümmern müssen. Dazu zählen auch diejenigen in sogenannten Katzenkolonien, wo man oft nach dem Prinzip »trap, neuter, return« vorgeht, also herrenlose Katzen einfängt, sterilisiert und dann wieder freilässt. Diese Vorgehensweise ist schon seit langem ein Konfliktstoff für Vogel- und Katzenliebhaber.

Man schätzt, dass eine durchschnittliche herrenlose Katze pro Jahr rund 200 Säugetiere und 40 Vögel erlegt. Ein großer Unsicherheitsfaktor ist aber die Populationsstärke dieser Herumstreuner. Schätzungen liegen zwischen 30 und 80 Millionen. Liegt der Wert etwa in der Mitte dieses Rahmens, dann haben die herrenlosen Katzen rund doppelt so viele Vögel auf dem Gewissen wie ihre leichter quantifizierbaren Verwandten mit Familienanschluss.

Daraus folgt, dass herrenlose Katzen für den Schutz gefährdeter Vogelarten durchaus einen wichtigen Faktor darstellen. Vogelschützer, so folgern die Autoren, sollten sich zumindest einen Überblick über die geografische Verteilung von herrenlosen Katzen relativ zu der von gefährdeten Vogelarten verschaffen, um mögliche Problembereiche identifizieren zu können.

Ein weiteres Problem lauert in den Tiefen der Statistiken: Die Bevölkerung der Hauskatzen mit offiziellen Besitzern wächst kontinuierlich weiter. Und da diese Katzen bisweilen unerwünschten Nachwuchs erzeugen oder sogar selbst vor die Tür gesetzt werden, ist damit zu rechnen, dass die Population der herrenlosen Katzen, auch wenn ihre absolute Zahl ungewiss bleibt, einem parallelen Aufwärtstrend folgt.

Bemerkenswerterweise finden Studien in europäischen Ländern meist einen geringeren Jagderfolg als in den USA. Das mag, so spekulieren die Autoren, daran liegen, dass Wildtiere in Europa in Gegenwart eines sehr ähnlichen Räubers, der europäischen Wildkatze (*Felis sylvestris*) evolvierten und an diese Art von Gefahr deshalb besser angepasst sind.

Die Untersuchung von Loss und Kollegen erregte vor allem in den USA große Aufmerksamkeit und fand den Beifall von Vogelschützern. Unterstützer von Katzenkolonien verdächtigten die Autoren jedoch der Voreingenommenheit und witterten eine Verschwörung gegen die herrenlosen Katzen.

In Europa sieht man das gelassener. Selbst der britische Vogelschutzverein, Royal Society for the Protection of Birds (RSPB), weist darauf hin, dass solche Sterblichkeits-Statistiken keine Rückschlüsse auf Gefährdung von Arten ermöglichen. Schließlich gehört es zur natürlichen Auslese, dass schwächere Vögel den Fressfeinden zum Opfer fallen. Und die bedrohten, also bereits seltenen Vogelarten tauchen in den Vorgärten der Katzenhalter erst gar nicht auf. Aufpassen müsse man nur, so die Stellungnahme vom RSPB, wenn gefährdete Vogelarten in der Nähe von katzenreichen Wohngebieten brüten. In solchen Konfliktzonen könne es schon zu Problemen können, aber sonst mache man sich keine Sorgen.

Dachs pass auf!

Viel stärkere Emotionen löste im Vereinigten Königreich etwa zur selben Zeit, Anfang 2013, ein anderer Interessenskonflikt zwischen wilden und domestizierten Tieren aus. Es ging um die in britischen Wäldern weit verbreiteten Dachse (*Meles meles*), die als Überträger der Rinder-Tuberkulose gelten. Zehntausende von Rindern müssen jährlich wegen dieser Krankheit geschlachtet werden. Eine Impfung der Nutztiere wäre zwar möglich, darf aber nicht eingesetzt werden, weil sie die wahre Verbreitung des Erregers maskieren könnte. Impfung der Dachse wäre auch möglich, aber teurer, da man die Dachse dafür erst einmal einfangen müsste.

Regierungsbehörden haben lange darüber nachgedacht, die Dachse systematisch zu dezimieren – eine Vorgehensweise, der viele Landwirte zustimmen, die aber die Naturschützer auf die Palme bringt. Und die wissenschaftlichen Daten zur Wirksamkeit einer solchen Aktion sind durchwachsen, um es vorsichtig auszudrücken.

Eine unter der Blair-Regierung angeleierte Untersuchung, in deren Rahmen die Dachse nur in abgesteckten Testgebieten dezimiert wurden, zeigte zwar eine Verringerung der Ansteckungsgefahr innerhalb dieser Gebiete, aber eine erhöhte Infektionsrate in angrenzenden Gebieten. Dieses Paradoxon erklärt sich aus der komplexen Sozialstruktur der Dachse. Sie leben in großen Gruppen, und wenn diese zerstört werden, begeben sich die Überlebenden auf die Wanderschaft und verbreiten damit ihre Krankheitskeime in einem größeren Gebiet als normalerweise. Eine komplett flächendeckende Dezimierung hingegen wäre zu teuer und extrem unbeliebt.

Der im Jahr 2008 veröffentlichte Abschlussbericht der Studie kam deshalb zu der Schlussfolgerung, dass eine Dezimierung der Dachse vermutlich keinen positiven Beitrag zur Bekämpfung der Rinder-Tuberkulose leisten könne. Die Labour-Regierung unter Blairs Nachfolger Gordon Brown begrub deshalb diesen Plan.

Die seit 2010 amtierende konservativ-liberale Koalition hingegen wollte unbedingt den Eindruck tatkräftigen Handelns erwecken, auch wenn ihr Handeln vermutlich keinen messbaren Erfolg bringen wird. Sie ignorierte also die Schlussfolgerung des Berichts von 2008 und berief sich auf subtile Verschiebungen der Langzeitbeobachtungen. Offenbar hielten mehrere Jahre nach der Dezimierung der Dachse die positiven Auswirkungen an, während die negativen mit der Zeit abklangen. Man muss also nur lange genug warten, vielleicht zehn Jahre, und die Gesamtbilanz der Aktion wird vielleicht ein kleines bisschen positiv (12–16 % weniger Tuberkulose neun Jahre nach Abschluss eines fünf Jahre anhaltenden Dezimierungsprogramms, so lautete die Prognose).

Dies war zumindest die offizielle Begründung. Skeptiker könnten natürlich die Sache auch so interpretieren, dass Regierungen die wissenschaftlichen Ergebnisse so zurechtbiegen, dass diese ihre aus rein politischen Gründen getroffenen Entscheidungen rechtfertigen (siehe auch: Drogenpolitik, Maul-und-Klauenseuche, Rinderwahn ...). Kurz, die Landwirte erwarten, dass die Regierung etwas unternimmt, also unternimmt sie etwas. Egal wie sinnlos es sein mag.

Brian May, ehemaliger Gitarrist der Gruppe Queen und inzwischen Doktor der Naturwissenschaften (Astrophysik), initiierte eine Online-Petition zum Schutz der Dachse, die in wenigen Wochen 250 000 Unterschriften sammelte. Beim Erreichen von 100 000 Unterschriften musste die Angelegenheit dem Parlament vorgelegt werden, aber auch davon ließ sich die Regierung nicht aufhalten. Sie gab im Juni die Dachse in zwei weiteren Testgebieten zum Abschuss frei. Getestet werden sollte diesmal vor allem, ob die Methode der Erlegung mit dem Jagdgewehr wirkungsvoll und kosteneffizient ist. Frühere Pläne hatten Fallen vorgesehen. (Auch dieser Sinneswandel riecht verdächtig nach politischem Kalkül: Wenn der Dachs schon mal in der Falle sitzt, ließe sich einwenden, könnte man ihn ebenso leicht impfen wie umbringen.) Tatsächlich gestartet wurde die Aktion erst zwei Monate später, Ende August.

Bis Ende Oktober zeichnete es sich ab, dass der Versuch die angestrebten Zahlen bei Weitem nicht erreichen konnte. Der Oxforder Ökologe David Macdonald, der als wissenschaftlicher Berater für die zuständige Organisation Natural England fungiert, erklärte den Versuch für gescheitert und rief dazu auf, ihn sofort abzubrechen. Weitere Abschüsse würden die Ausbreitung der Tuberkulose eher fördern als hemmen. Dessen ungeachtet beschloss die Regierung eine Verlängerung der Aktion, woraufhin sich sogar Fernsehlegende David Attenborough mit kritischen Kommentaren zu Wort meldete. Auch die zusätzliche Frist erbrachte nicht das erwünschte Ergebnis, wie die Regierung Anfang November 2013 einräumen musste.[1]

Ein bisschen Wildnis?

Die Konflikte im ökologischen Dreieck zwischen Menschen, ihren Haus- und Nutztieren, und den verbleibenden »wilden« Tieren sind komplex und können zu politischen Problemen führen. Schwierigkeiten haben wir nicht zuletzt deshalb, weil wir uns einerseits emotional mit unseren Haustieren und wirtschaftlich mit unseren Nutztieren verbunden fühlen, andererseits aber auch romantische Vorstellungen mit den Wildtieren verbinden und auch diesen unseren Schutz angedeihen lassen wollen.

Dabei wäre zum Schluss noch anzumerken, dass diese Wildtiere oft gar nicht mehr besonders wild sind. Die Vögel, die wir im Winter füttern, die Dachse, die in gepflegten Parklandschaften ohne natürliche Feinde gedeihen, und die Eichhörnchen, die Parkbesuchern aus der Hand fressen, stehen irgendwo in der Mitte zwischen Haus- und Wildtier.

Biotope, die tatsächlich vom Menschen unbeeinflusst sind, werden global immer seltener und existieren in Europa vermutlich gar nicht mehr. Ab und zu melden sich radikale NaturschützerInnen zu Wort mit dem Vorschlag, wirklich wilde Natur wieder herzustellen. Aber ist sie wirklich wild, wenn sie von Menschen wiederhergestellt wurde?

1) http://www.theguardian.com/environment/2013/nov/05/badger-cull-somerset-fail-target-government.

Und da heutzutage selbst die Zusammensetzung der Atmosphäre und der pH-Wert der Ozeane von menschlichen Aktivitäten (sprich: Umweltsünden) geprägt sind, gibt es vielleicht gar keine Wildnis mehr. Es gibt nur noch Natur-Relikte, die wir mehr oder weniger stark beeinflussen und ausbeuten, oder mehr oder weniger gut hüten. Das Paradies ist dahin, uns bleibt nur noch die Chance, unsere Arbeit als Förster, Gärtner, Tierpflegerin etwas besser zu machen.

12
Gute und schlechte Nachrichten für Korallen

Korallenriffe sind wichtig als Brutstätte für die Artenvielfalt der Ozeane, aber sie sind auch stark bedroht. Wasserverschmutzung, Klimawandel, Versauerung der Meere und Überfischung – fast das ganze Umweltsündenregister der Menschheit hat Auswirkungen auf Korallen, die noch in diesem Jahrhundert das Zeitliche segnen könnten. Doch noch gibt es Hoffnung.

In den 1980er-Jahren wurde die katastrophale Korallenbleiche nach Erwärmung erstmals in großem Maßstab beobachtet. Hierbei handelt es sich um einen Konflikt zwischen den eigentlichen Korallen, die zu den Nesseltieren zählen, und den mit ihnen in Symbiose lebenden Algen, den Zooxanthellen. Wie und warum die Zusammenarbeit der beiden Arten zusammenbricht ist noch Gegenstand der Forschung. Auch die Einordnung der Beziehung zwischen Tier und Alge steht dabei zur Debatte. Scott Woolridge hat die These aufgestellt, dass es sich nicht um eine ausgewogene Symbiose handelt, sondern eher um eine Ausbeutung der Algen durch die Korallen [45].

Bleibt die Temperatur über mehrere Wochen so hoch, dass die Zooxanthellen nicht wieder aufgenommen werden können, so sterben die Korallen ab. Da im Rahmen des Klimawandels extreme Temperaturwechsel öfter mal vorkommen, wuchs die Befürchtung, dass Korallenriffe schon in wenigen Jahrzehnten sterben könnten.

Gefahr droht den Riffen auch von der industriellen Fischerei, denn Fische weiden Makroalgen (Seetang) von den Riffen ab und sorgen dafür, dass die Korallen nicht unter diesem Bewuchs ersticken. Überdüngung des Meerwassers fördert auch wieder das Algenwachstum und bedroht damit die Korallen. Das Kohlendioxid, das wir in immer größeren Mengen in die Atmosphäre pusten, löst sich im Meerwasser und senkt den pH-Wert der Meere, was auch nicht so günstig ist für Korallenriffe, die aus säurelöslichem Kalk aufgebaut sind – aller-

Invasion der Waschbären Erste Auflage. Michael Groß.
© 2014 WILEY-VCH Verlag GmbH & Co. KGaA.

dings fürchten Korallenexperten diesen Effekt nicht so sehr wie den Klimawandel und den Verlust der Fische.

Selbst die Touristen, die sich an tropischen Stränden mit Sonnenmilch einreiben, können damit Korallen schädigen. Eine 2008 veröffentlichte Studie zeigte, dass die gängigen Chemikalien in der Sonnenmilch bei den Korallen schlafende Viren aufwecken können. Kurz und gut, was immer die sieben Milliarden Menschen auf der Erde tun, es schadet vermutlich den Korallen.

Hoffnungsschimmer

Es gibt immerhin einige kleine Hoffnungsschimmer. Anfang 2013 wurde zum Beispiel eine Langzeitstudie des Scott-Korallenriffs vor der Westküste Australiens veröffentlicht, die für dieses Riff eine überraschend schnelle Genesung nach schweren Schäden belegte. Dieses Riff liegt 250 Kilometer von der australischen Küste entfernt und weit über 1000 Kilometer von der nächsten Großstadt.

James Gilmour von dem Australian Institute of Marine Sciences in Perth und seine Kollegen haben die Artenvielfalt dieses Riffs über 16 Jahre beobachtet. In diesem Zeitraum fielen eine katastrophale Korallenbleiche infolge des ungewöhnlich starken El Niño-Phänomens von 1998, sowie mehrere weniger schwerwiegende Störungen durch tropische Stürme und Erwärmung.

Nach der Katastrophe von 1998 verlor das Riff mehr als 70 % und in bestimmten Bereichen 90 % seiner Besiedelungsdichte an lebenden Korallen, wobei die tiefer unter der Wasseroberfläche siedelnden Korallen etwas glimpflicher davonkamen. In den folgenden Jahren konnten Forscher keine oder nur geringfügige Neuansiedlung junger Korallen feststellen. Sie vermuteten, dass zur Regenerierung des Riffs die Übersiedlung von Nachwuchs aus anderen, nicht geschädigten Riffs nötig wäre, und aufgrund der isolierten Lage des Scott-Riffs erschien dies sehr unwahrscheinlich. Deshalb, so vermuteten die Experten, könne die Genesung des Riffs sich über mehrere Jahrzehnte hinziehen.

Die Langzeitstudie zeigte jedoch, dass sich das Riff bereits nach 12 Jahren beinahe erholt hatte. Die wichtigen Messwerte wie der Bedeckungsgrad mit lebenden Korallen, Artenmischung, und Geschwindigkeit der Neubesiedelung waren alle auf einem Niveau angelangt, das dem von vor 1998 vergleichbar war.

Besonderes Augenmerk richteten die Forscher darauf, ob die Korallen von Seetang bedeckt wurden. Dies ist eine häufig beobachtete Gefahr für geschädigte Korallenriffe. In diesem Fall wurde jedoch keine Zunahme der Makroalgen beobachtet. Mikroalgen breiteten sich zwar aus, wurden aber auch wieder von Fischen abgeweidet, deren Populationsdichte dank des Nahrungsangebots auch zunahm.

Die isolierte geografische Lage des Scott-Systems hatte für seine Genesung positive und negative Auswirkungen. Nachteilig war der Mangel an wanderndem Nachwuchs von anderen Riffen, aber dies wurde offenbar von dem Vorteil überwogen, dass es kaum anhaltende Störung durch menschliche Einflüsse wie Wasserverschmutzung gab (abgesehen von globalen anthropogenen Problemen wie Klimawandel). Dieses Ergebnis ist zwar einerseits eine frohe Botschaft, da es zeigt, dass Erholung möglich ist. Andererseits finden sich solche von menschlicher Umweltverschmutzung verschont gebliebene Lagen immer seltener. Immerhin kann man, wenn man ein Korallenriff in der Nachbarschaft hat, durch lokale Maßnahmen die anthropogenen Schäden gering halten.

Bleibt nur zu klären, welche lokalen Maßnahmen den Korallen auch wirklich helfen. Marine Schutzgebiete mit Fischereiverboten hören sich erst einmal gut an, aber die wissenschaftlichen Ergebnisse sind eher durchwachsen. Der Erfolg solcher Maßnahmen hängt offenbar von der geografischen Lage und dem Gesundheitszustand der zu schützenden Korallenriffe ab. Den recht gesunden Riffen von Neukaledonien helfen Schutzgebiete nicht sonderlich, wie Laura Carassou und Kollegen gezeigt haben [46]. Die Fische, die man dort am liebsten fängt und verspeist, sind offenbar nicht dieselben, die für die Algenfreiheit der Riffe sorgen. Anders sieht es in der Karibik aus, wo es mehr notleidende Korallen gibt, die die Schutzgebiete als Überlebenshilfe gebrauchen können [47].

Aber selbst wenn die Fischer und Anwohner perfekt auf die Bedürfnisse der Korallen Rücksicht nehmen, bleiben immer noch die Auswirkungen des Klimawandels, von denen insbesondere die Wassererwärmung und die Häufigkeit tropischer Wirbelstürme für die Korallen gefährlich werden können.

Auf Klimawandel können die Korallenriffe unter geeigneten Umständen durch Anpassung der Artenmischung reagieren. Australiens

Naturwunder, das Great Barrier Reef, erstreckt sich zum Beispiel rund 2600 Kilometer in nord-südlicher Richtung und damit durch mehrere Klimazonen. Die Arbeitsgruppe von Terry Hughes von der James Cook Universität in Townsville, Australien, hat untersucht, wie sich die Bevölkerung des Riffs mit diversen Arten in Abhängigkeit des Breitengrads ändert. Die Studie deckt 132 Orte und eine Nord-Süd-Ausdehnung von 1740 Kilometern ab [48]. Damit sind auch die Klima-Unterschiede zwischen den Enden dieses Untersuchungsgebiets größer als die prognostizierten Auswirkungen der Erderwärmung.

Es werde, so folgern Hughes und Kollegen, im Riff Gewinner und Verlierer geben, aber zumindest sei zu erwarten, dass die Korallen am kühleren Ende des Riffs sich auf eine Lebensweise umstellen können, die heute in den tropischeren Bereichen bereits vorherrschend ist. In höheren Breiten hat man auch beobachtet, dass das Siedlungsgebiet von Korallen sich entsprechend der Verschiebung von Klimazonen auf die Wanderschaft begibt, dies ist jedoch bei tropischen Korallen noch nicht bekannt.

Warnungen

Trotz alledem reißen die Hiobsbotschaften für die Korallenriffe der Welt nicht ab. Im Juli 2013 stellte die australische Regierung dem großen Barrier-Riff ein Gesundheitszeugnis mit der Gesamtbewertung »schlecht« aus – zwei Jahre vorher lautete die Bewertung noch »mäßig«. Gleichzeitig musste die Regierung einige der für 2013 angepeilten Ziele im Umweltschutz auf 2018 verschieben. So konnte zum Beispiel die beabsichtigte Halbierung des Düngemitteleintrags nicht realisiert werden.

Australien ist auch in historischer Hinsicht ein interessantes Beispiel, da die intensive Landwirtschaft nach europäischer Manier dort erst Ende des 19. Jahrhunderts in großem Maßstab eingeführt wurde. Die Ausschwemmung von Sediment, die den Korallen vor der Küste Schwierigkeiten bereitet, nahm zu diesem Zeitpunkt sprunghaft zu.

Noch langfristiger dachten Chris Perry von der Universität Exeter in Großbritannien und seine Kollegen. Sie untersuchten die Wachstumsraten von Korallenriffen in der Karibik und verglichen sie mit den aus geologischen Untersuchungen ermittelten, die sich über das Holozän, also die letzten 11 700 Jahre, erstrecken [49].

Der Zugewinn an reiner Masse (Carbonat) hat sich in den letzten Jahrzehnten gegenüber dem Mittelwert im Holozän halbiert. Das Längenwachstum fiel sogar eine ganze Größenordnung geringer aus. Dies, so glauben die Autoren, ist auf die ökologische Verarmung der Korallenriffe in der Karibik zurückzuführen. Selbst diejenigen, die noch gesund aussehen, werden oft von einer einzigen Art dominiert, während die stärkeren Wachstumsraten im geologischen Zeitrahmen auf ein Zusammenwirken mehrerer Gattungen zurückzuführen seien.

Durch natürliche Erosion verlieren Riffe auch fortwährend an Masse. Bei denjenigen, die kaum noch wachsen, kann es durchaus sein, dass die Bilanzsumme negativ ausfällt und sie langsam aber sicher verschwinden. Ein geringes Wachstum kann auch zum Problem werden, wenn der Meeresspiegel aufgrund des Klimawandels schneller ansteigt als die Korallen nachwachsen und sie somit aus dem Tiefenbereich, in dem sie gedeihen können, herausrutschen.

Und dann gibt es auch noch Krankheiten, die den Korallen Probleme bereiten, und die natürlich auch umso bedrohlicher werden, je weniger robust die Gesundheit der Ökosysteme sowieso schon ist.

Eine letzte Hoffnung für das Überleben der Korallen können vielleicht die Korallenriffe bieten, die tiefer unter der Wasseroberfläche gedeihen. Diese sind bisher nur sehr wenig erforscht. Sie sind noch nicht einmal vollständig kartografiert, da man sich von alters her bei der Erstellung von Seekarten nur für diejenigen Riffe interessierte, die Schiffe gefährden könnten.

Die bisher im Verborgenen gebliebenen Korallenriffe in 30 bis 150 Metern Tiefe könnten möglicherweise als Reserve zur Neubesiedelung von siechen Oberflächenriffen dienen. Experten haben deshalb dazu aufgerufen, alle Korallenriffe besser zu erfassen und unter Naturschutz zu stellen [50].

13
Wer domestizierte wen? Die paradoxe Entstehung der Landwirtschaft

Die Einführung der Landwirtschaft war das folgenschwerste Ereignis in der Geschichte der Menschheit. Neue Forschungsergebnisse belegen, dass es sich hier nicht um den Siegeszug einer »Erfindung« handelt, sondern eher um eine wechselseitige Beeinflussung und Koevolution von Menschen und Pflanzen (bzw. Tieren).

Ackerbau und Viehzucht boten dem Menschen eine effizientere Methode, sich zu ernähren, und deshalb stellten die Jäger und Sammler sich auf diese neue Lebensform um, die weltweit dominierend wurde. Richtig? Nein, nach neueren Erkenntnissen ist diese so einleuchtend klingende Annahme offenbar falsch.

Richtig ist, dass eine gegebene Fläche mehr Menschen ernähren kann, wenn das Land intensiv bewirtschaftet wird, als wenn die Menschen nur sammeln und jagen. Das liegt ganz einfach daran, dass in der wilden Natur nur ein geringer Bruchteil der Biomasse auf essbare Pflanzen und Tiere entfällt. Das Prinzip der Landwirtschaft besteht einfach darin, dass man versucht, diesen Anteil möglichst drastisch zu erhöhen.

Da die beackerten Flächen mehr Menschen ernährten als die Jagdgründe der Jäger und Sammler, konnten die auf Landwirtschaft aufbauenden Zivilisationen nach und nach die »primitiven« Gesellschaften mit zahlenmäßiger Übermacht und militärischer Gewalt zurückdrängen. Das erklärt, warum sich die Landwirtschaft, nachdem sie einmal Fuß gefasst hatte, sich über den ganzen Globus ausbreitete. Es erklärt allerdings nicht, warum sie überhaupt erst einmal eingeführt wurde. Was könnte die frei umherschweifenden Jäger und Sammler bewegt haben, sich auf die Fron der Feldarbeit einzulassen?

Erkenntnisse der Archäologie zeigen, dass die Einführung der Landwirtschaft keine geniale Erfindung war, die den Menschen direkte Vorteile gebracht hätte. Die Effizienz pro bewirtschafteter Fläche

Invasion der Waschbären Erste Auflage. Michael Groß.
© 2014 WILEY-VCH Verlag GmbH & Co. KGaA.

ist zwar deutlich besser, aber die Ausbeute pro Arbeitskraft ist bestenfalls gleich, wahrscheinlich aber deutlich geringer, wie Samuel Bowles vom Santa-Fe-Institute in Neu-Mexiko gezeigt hat [51].

Berechnungen auf der Grundlage von umfangreichen Datensätzen aus verschiedenen Teilen der Welt führen Bowles zu dem Ergebnis, dass die ersten Landwirte pro Arbeitszeit nur etwa 60 % jener Kalorien produzierten, die Jäger und Sammler zur selben Zeit nach Hause brachten. Natürlich sind solche Schätzungen mit großen Fehlermöglichkeiten behaftet, aber der Unterschied ist wohl groß genug, um sicherzustellen, dass die Landwirtschaft keinesfalls einen erkennbaren Effizienzvorteil für umstellungswillige Jäger und Sammler vorweisen konnte. Frühere Studien haben auch belegt, dass die urzeitlichen Bauern weniger gesund und schlechter ernährt waren als ihre jagenden und sammelnden Zeitgenossen.

Aus diesen und anderen Erkenntnissen fügt sich ein Bild zusammen, das eher nach Koevolution als nach Erfindung aussieht. Verschiedene Entwicklungen in den menschlichen Gesellschaften und in den Arten, von denen sie sich ernährten, kamen zusammen, beeinflussten sich gegenseitig, und veränderten letztendlich die Welt.

Die Jäger und Sammler, die, aus unserer Perspektive gesehen, die Gerste domestizierten, hatten mit Sicherheit keine Vorstellung von Evolution und genetischer Veränderung durch Auslese. Sie hatten auch nicht die geniale Idee, die wilde, grasartige Pflanze zu zähmen und damit riesige Felder anzubauen. Wahrscheinlicher ist, dass sie zunächst die Körner von ihren Sammelexpeditionen zum Lager zurückbrachten, und bemerkten, dass sie diese auch gut einige Monate lang aufbewahren konnten, um Hungerzeiten zu überbrücken. Beim Lagern und Hantieren mit Getreidekörnern geht auch mal was daneben, und dann wuchsen die Halme am Lagerplatz.

Ein wichtiger Unterschied zwischen domestizierten Getreidearten und ihren wilden Vorläufern ist der, dass bei den wilden Gräsern der Stiel brüchig wird und die gereiften Samen zu Boden fallen. Das ist für die Fortpflanzung der Gräser unabdingbar, aber beim Ernten eher lästig. Unsere Vorfahren werden, anstatt sich zu bücken und Körner vom Boden aufzuklauben, lieber die Stiele abgeschnitten haben – so, wie man heute noch Getreide erntet. Damit kehrten sie aber den Selektionsdruck um. Die vorher seltenen Mutanten, die ihre Körner nicht verstreuen, hatten eine bessere Chance von Menschen geerntet und entweder gegessen oder aber auch wieder gesät zu werden, als die Mehrheit der streuenden Pflanzen.

Diese Überlegung erklärt plausibel und problemlos, wie die Koevolution zwischen Mensch und Getreide den Effekt hervorbrachte, den wir heute als Domestizierung der Pflanze durch den Menschen auffassen. Merkwürdig nur, dass wir bei anderen Tierarten ähnliche Vorgänge ganz anders bewerten. Wenn wir beobachten, dass Vögel die Samen von Beerenobst verteilen, neigen wir oft zu der Interpretation, dass die Pflanze durch den Trick, die Beeren schmackhaft zu machen, den Vogel zur Verbreitung ihrer Samen eingespannt hat.

Ähnliche wechselseitige und ungeplante Beeinflussungen muss es auch zwischen der sich wandelnden Lebensmittelversorgung und der Struktur der Gesellschaft gegeben haben. Zusammen mit Jung-Kyoo Choi von der Kyungpook National Universität in Daegu, Südkorea, hat Bowles die Wechselwirkung zwischen Ernährung und der Entwicklung von Privatbesitz untersucht [52].

Jäger und Sammler leben in kleinen Gruppen und teilen alle Nahrungsmittel, die sie erwerben, auf. Landwirtschaft erfordert hingegen eine langfristige Verpflichtung, sich um einen Acker, die Saat, die Ernte zu kümmern, und dazu wird der Landwirt nur dann bereit sein, wenn er sicher sein kann, letztendlich auch die Früchte seiner Mühen ernten zu können. Ein einfaches und weit verbreitetes Mittel zu diesem Zweck ist es, dem Bauern Besitzrechte an dem Land, das er bearbeitet, und an allem, was darauf wächst, einzuräumen. Bowles und Choi stellten die Hypothese auf, dass es die Koevolution von Nahrungsgewinnung und Eigentumsrechten war, welche die Landwirtschaft im Nahen Osten und womöglich auch in anderen Gegenden, wo sie unabhängig entstand, zum dominierenden Lebenserwerb machte.

Um diese Hypothese zu prüfen, entwickelten Bowles und Choi ein Computermodell, das die bekannten Klimaschwankungen und Bevölkerungswandel mit verschiedenen, theoretisch möglichen Strategien zur Nahrungsbeschaffung und zum Umgang mit privatem oder gemeinschaftlichem Eigentum kombinierte. Mit zahlreichen Simulationen in diesem Modell konnten die Forscher zeigen, dass der Übergang zur Landwirtschaft nur mit geringer Wahrscheinlichkeit erfolgt und nur dann, wenn die Bedingungen dafür optimal sind.

In allen Simulationen, die zu einem Erfolg der Landwirtschaft führten, evolvierte das Eigentumsrecht gleichzeitig mit der Nahrungsproduktion. Das Modell gab die wesentlichen Daten der Entstehung der Landwirtschaft im Nahen Osten korrekt wieder. Dort sorgte eine Phase relativer Klimastabilität vor rund 12 000 Jahren für eine verbesserte Erntesicherheit. Ebenso wie in der archäologisch dokumentierten Wirklichkeit erstreckte sich auch in dem Modell die Übergangsphase über mehrere Jahrtausende.

Archäologische Ausgrabungen liefern heute noch neue Belege für den allmählichen Übergang zur Landwirtschaft. Die Forschung konzentriert sich insbesondere auf den »Fruchtbaren Halbmond«, wo sich die frühesten Beweise für landwirtschaftliche Aktivität finden. In fünf getrennten Gegenden, vom heutigen Israel bis in die westlichen Teile des Iran, ist der Anbau von Gerste oder Weizen vor 11 000 bis 11 500 Jahren belegt. In einigen dieser Gegenden wurden die wild wachsenden Vorläufer dieser Getreidepflanzen bereits Jahrtausende früher benutzt.

George Willcox und Danielle Stordeur von der CNRS-Forschungseinheit Archéorient Jalès, Frankreich, haben die Siedlung Jerf el Ahmar untersucht, die vor 11 500 bis 11 000 Jahren bewohnt war. Sie konnten zeigen, dass wilde Gerste dort bereits in großem Umfang benutzt wurde, rund 1000 Jahre bevor die domestizierte Version der Pflanze systematisch angebaut wurde [53].

Während der fünf Jahrhunderte, in denen diese Siedlung bewohnt war, nahm die Bedeutung der Lagerung und Verarbeitung von Getreide offenbar zu. In den jüngeren Schichten finden sich immer öfter spezielle Räume für diese Zwecke mit fest installierten Mahlsteinen, in denen die Körner zerrieben wurden. Die Bewohner derselben Siedlung verarbeiteten auch Roggen und benutzten dessen Spreu zur Verstärkung des Lehms, der als Baumaterial für ihre Häuser diente. Die zunehmende Bedeutung der Getreidewirtschaft, so schlussfolgern die Autoren, muss zwangsläufig auch die Gesellschaftsstruktur im Dorf geprägt haben.

Simone Riehl und Kollegen an der Universität Tübingen konnten sogar eine Siedlung untersuchen, die 2200 Jahre lang bewohnt war [54]. Chogha Golan liegt im Iran, in den Ausläufern des Zagros-Gebirges, also am östlichen Zipfel des Fruchtbaren Halbmonds. Die archäologisch nachweisbare Besiedlung begann vor 12 000 Jahren und endete vor 9800 Jahren. Die Hinterlassenschaften von 22 Jahrhunderten erstrecken sich über drei Hektar und türmen sich bis zu acht Meter hoch. Ihre chronologische Schichtung ist gut erhalten, was den ArchäologInnen bei der Zuordnung hilft.

In diesem gut definierten Zeitrahmen konnten Riehl und Kollegen den allmählichen Übergang von der Nutzung wilder Pflanzenarten zum Anbau domestizierter Varianten genau nachvollziehen. Wilde Gerste, Linsen und Erbsen standen anfangs auf dem Speiseplan der Bewohner. Wilder Weizen kam mit der Zeit hinzu, und gegen Ende der Besiedlungszeit tauchte domestizierter Emmer (*Triticum dicoccum*; Zweikorn, eine andere Art aus der Gattung des Weizens) auf.

Betrachtet man die Entwicklung der Siedlung von Chogha Golan im Zusammenhang mit anderen Orten im Fruchtbaren Halbmond, die bereits frühzeitig Landwirtschaft betrieben, so erhält man den Eindruck, dass dieselben Veränderungen im gesamten Gebiet nahezu gleichzeitig abliefen. Das spricht gegen die Vermutung, die Landwirtschaft sei an einem Ort »erfunden« worden und habe sich von dort über ganz Kleinasien ausgebreitet.

Aus dem Nahen Osten wurden die Methoden der Landwirtschaftspioniere dann vor 4000 bis 8000 Jahren nach Europa importiert. Wie die Ur-EuropäerInnen allerdings ihre Felder bestellten und wovon sie sich ernährten, blieb bislang eher ungewiss. Amy Bogaard von der Universität Oxford hat zusammen mit Arbeitsgruppen aus mehreren europäischen Ländern die Verteilung der Stickstoff-Isotope in Knochen aus jener Zeit untersucht. Sie kam zu dem Schluss, dass das Düngen der Felder mit den Ausscheidungen der gehaltenen Tiere bereits üblich war, und dass die Europäer der Jungsteinzeit weniger Fleisch aßen, als man bisher vermutet hatte.

Wie hängt das alles zusammen? Das Protein Kollagen reichert das seltenere Stickstoff-Isotop ^{15}N an, wenn Menschen sich überwiegend von Fleisch ernähren. Bei den Ureuropäern fand man solche erhöhten Werte, nahm also eine fleischreiche Nahrung an. Neuere Untersuchungen haben aber gezeigt, dass der Isotopeneffekt auch auf dem Umweg über Pflanzen erreicht werden kann. Wird das Getreide mit Gülle gedüngt, so kann es auch einen ähnlich erhöhten Anteil an ^{15}N beim Endverbraucher Mensch erzeugen.

Und wie kann man zwischen diesen beiden Möglichkeiten unterscheiden? Bogaard und Kollegen analysierten die Stickstoffisotope in Getreideproben aus 13 Siedlungen der Jungsteinzeit, die sich wie ein diagonales Band quer durch Europa von England bis nach Griechenland erstrecken. Die Funde waren auf 5900 bis 2400 v. Chr. datiert worden. Tatsächlich war auch das Getreide bereits reich an ^{15}N – offenbar kam also der hohe Gehalt in den Knochen nicht ausschließlich vom Fleischverzehr, sondern lässt sich zumindest zum Teil auch auf die Düngung zurückführen.

Im Fruchtbaren Halbmond fand die Domestizierung der Getreide lange vor der Zähmung von Nutztieren statt. In Europa wurden allerdings diese neuen Errungenschaften importiert, und möglicherweise gleich im Paket. Auch die Bewässerung der Felder war bereits bekannt, wie dieselbe Studie mit weiteren Isotopenuntersuchungen (diesmal beim Kohlenstoff) belegt.

Als die Landwirtschaft dann Fuß fasste und sich ausbreitete, prägte sie die menschliche Gesellschaft und damit das weitere Schicksal der Menschheit in dramatischem Umfang und auf eine Weise, die sich die ersten Pioniere der Landwirtschaft bestimmt nicht gewünscht hatten. Waren die Mitglieder eines Stammes von Jägern und Sammlern weitgehend gleichberechtigt, so brachte die Landwirtschaft Besitzrechte und damit die Möglichkeit der Akkumulierung von Reichtümern mit sich. Sie förderte auch die Arbeitsteilung: außer den Landwirten gab es bald auch Handwerker, die zum Beispiel landwirtschaftliches Gerät anfertigten, sowie Priester, Soldaten, Feudalherren. Wo man Besitztümer anhäufen und sogar Land besitzen kann, da gibt es auch Verteilungskämpfe, Diebstahl, Eroberungsfeldzüge.

Die neu entstandene zivilisierte Welt entwickelte zahlreiche eher unzivilisierte Verhaltensweisen. Und die Landwirte, die eigentlichen Akteure dieser Revolution, wurden bald ihre ersten Opfer, da die Früchte ihrer Arbeit von Feudalherren abgezapft wurden. Ein Fortschritt war diese Entwicklung für die anderen Mitglieder der Gesellschaft, die sich nicht mehr für ihre Nahrung abmühen mussten, aber für die Nahrungsproduzenten war der Übergang vom Jagen und Sammeln zur Landwirtschaft wohl eher eine Vertreibung aus dem Paradies, ein herber Verlust an Freiheit und Lebensqualität.

Hinzu kommt ein weiterer unerwünschter Nebeneffekt, den die Pioniere nicht erahnen konnten, der aber heute noch relevant ist. Das Zusammenleben mit Tieren in Siedlungen ermöglichte das Auftreten von Zoonosen, Infektionskrankheiten, die von Tieren auf Menschen überspringen und sich dann an den neuen Wirt anpassen. Alle heutigen »Kinderkrankheiten« sind vermutlich bald nach der Einführung der Landwirtschaft auf diese Weise entstanden. Sie waren ursprünglich viel bedrohlicher als heute, aber da ein Krankheitserreger auch ausstirbt, wenn er seine Wirtspopulation auslöscht, pegelte sich die Schwere dieser Krankheiten auf einem Niveau ein, das die Erreger zu permanenten Begleitern der Menschheit machte [55].

Natürlich kann es auch den Jägern und Sammlern mal passieren, dass sie sich bei den Tieren, die sie erlegen, einen Krankheitserreger einfangen. Die Gruppengröße war bei ihnen aber zu klein, als dass sich Erreger hätten auf Dauer etablieren können. Erst in menschlichen Zivilisationen mit Dörfern, Städten und Handelsverbindungen konnten Infektionskrankheiten zu der massiven Bedrohung werden, die sie bis zur Einführung der modernen Medizin mit ihren Antibiotika waren.

Auch in dieser Hinsicht hatten die Jäger und Sammler ein besseres Leben als die Steinzeit-Landwirte. Allerdings konnten sie der Gefahr der Zoonosen nicht auf Dauer entgehen, denn sobald die sich aggressiv ausbreitenden Zivilisationen zu ihnen kamen, um ihnen ihre Jagdgründe streitig zu machen, brachten sie auch ihre Krankheiten mit, gegen die die einheimischen Jäger und Sammler keine Immunität besaßen.

Die landwirtschaftliche Produktion lenkte auch die Geschicke der Menschheit durch den Handel mit ihren Produkten. Koloniegründungen und Eroberungen folgten oft den Handelsinteressen. So ist etwa die Kolonisierung des Mittelmeerraums durch die Phoenizier als Expansion des Weinbaus zu verstehen.

In der neueren Geschichte kann man am Beispiel der Sklaverei in Amerika belegen, wie die Landwirtschaft die Gesellschaftsordnung prägte. Zuckerrohr in der Karibik ließ sich hervorragend mit Sklaven bewirtschaften, da auch der widerspenstigste Arbeiter an dieser Ernte nichts kaputtmachen kann. Empfindlicheres Gut wie Tabak, sowie in höheren Breiten das Getreide, erforderte hingegen die Zuwendung von besser motivierten, sprich bezahlten Arbeitskräften. Siedler aus Europa passten ihre Lebensphilosophie sehr rasch diesen ökonomischen Erfordernissen an. Selbst Puritaner, die aus England flohen und Freiheit suchten, wurden in der Karibik zu Sklavenhaltern.

Auch heute noch machen wir die Erfahrung, dass die zahlreichen scheinbar trivialen Prozesse, die uns mit unserer täglichen Nahrung versorgen, bisweilen unbeabsichtigte Folgen haben und unser Leben auf unvorhergesehene Weise beeinflussen. Die Einführung von Stickstoffdünger aus der Haber-Bosch-Synthese konnte zwar eine weltweite Hungersnot abwenden, hat aber den Stickstoffkreislauf der Erde glatt verdoppelt (siehe Kapitel 5). Die Einführung europäischer Landwirtschaftsmethoden in Australien hat zu deutlichen Schäden an den Korallenriffen vor der Küste geführt, wie wir im vorigen Kapitel gesehen haben. Und die verständliche Neigung der Menschen, sich dort niederzulassen, wo es auch genug zu essen gibt, führte zu dem paradoxen Zustand, dass heute ein großer Teil der fruchtbarsten Böden von Städten überbaut ist.

All diese Entwicklungen sind verständliche Fehler, aber sie legen doch nahe, dass wir heute, da wir nun wissenschaftliche Methoden besitzen, um die Folgen unseres Handelns vorherzuberechnen, uns die ganze Geschichte mit der Landwirtschaft noch einmal etwas besser überlegen. Vielleicht lässt sich das verlorene Paradies ja doch noch zurückgewinnen.

14
Pflanzenschädlinge auf der Wanderschaft

Weltumspannende Handelsnetze und Transportbewegungen, industrialisierte Landwirtschaft und Klimawandel schaffen neue Chancen für
Pflanzenschädlinge. Deren Ausbreitung und Anpassung an menschliche Gegenmaßnahmen kann durchaus auch heute noch zu katastrophalen Hungersnöten führen.

Die größte Tragödie in der Geschichte Irlands lässt sich an einer einfachen Grafik ablesen, der Entwicklung der Bevölkerungszahl. Diese
wuchs seit dem Mittelalter stetig, bis sie im Jahre 1848 etwas über acht
Millionen erreichte. Zwölf Jahre später wohnten weniger als sechs
Millionen Menschen auf der Insel, und auch in den folgenden Jahrzehnten fiel die Zahl weiter. Es dauerte ein ganzes Jahrhundert, bis
die Kurve wieder Zuwachs verzeichnete, und das historische Maxi-
mum hat sie bis heute nicht wieder erreicht.

Der katastrophale Knick in dieser Kurve wurde von der großen
Hungersnot ausgelöst, die Irland Ende der 1840er-Jahre befiel. Großbritannien beherrschte die benachbarte Insel wie eine Kolonie und
benutzte sie im Wesentlichen als einen großen Kartoffelacker, den
die Einheimischen für die britischen Landbesitzer bestellen mussten. Als sich die Kraut- und Knollenfäule Mitte der 1840er-Jahre über
Europa ausbreitete und schließlich auch Irland erreichte, brach dort
sowohl die Nahrungsversorgung als auch die Wirtschaft zusammen.
Eine Million Iren verhungerten, weitere Millionen wanderten aus.

Die Kartoffelfäule wird von einem pilzähnlichen Parasiten aus der
Klasse der Eipilze (Peronosporomycetes), *Phytophthora infestans* ausgelöst. Heute kennen wir die biologischen Einzelheiten solcher Probleme und glauben, ihnen mit Pflanzenschutzmitteln begegnen zu
können. Heute könnte ein Pflanzenschädling nicht mehr so katastrophale Folgen haben wie im 19. Jahrhundert in Irland. Oder vielleicht
doch?

Invasion der Waschbären Erste Auflage. Michael Groß.
© 2014 WILEY-VCH Verlag GmbH & Co. KGaA.

Weizenernte in Gefahr

Auch im 20. Jahrhundert gab es Hungersnöte, die von Pflanzenschädlingen ausgelöst wurden – eine der bedrohlichsten fand Mitte des Jahrhunderts in Indien statt, als dort die Pilzkrankheit Getreideschwarzrost einen Großteil der Weizenernte eliminierte. Der Pilz *Puccinia graminis* befällt vor allem die Stiele der Pflanze und entzieht ihr Nährstoffe für seinen eigenen Bedarf. Deshalb können dann die Körner nicht recht gedeihen, sie fallen entweder verkümmert aus oder treten gar nicht erst in Erscheinung. Die Einführung einer resistenten Weizensorte, die der US-amerikanische Forscher Norman Borlaug (1914–2009) entwickelt hatte, kam als Rettung im letzten Moment. Vermutlich hat Borlaug mehreren Hundert Millionen Menschen das Leben gerettet – deshalb erhielt er 1970 den Friedensnobelpreis.

Damit war die Bedrohung durch Schwarzrost zwar vorläufig abgewendet, aber noch nicht aus der Welt geschafft. Eine Variante des Pilzes, die Borlaugs resistenten Weizen bezwingen kann, wurde erstmals im Jahre 1999 in Uganda beobachtet – sie heißt deshalb Ug99. Der neue Erreger breitete sich rasch aus und war bis 2008 schon in Kenia, Äthiopien, Jemen und im Iran vertreten. Borlaug machte die Weltöffentlichkeit im Jahre 2005 auf die neue Bedrohung aufmerksam, und löste damit eine fieberhafte Suche nach neuen Weizensorten aus, die auch gegen Ug99 resistent sind.

Im Rahmen eines Gemeinschaftsprojekts der Landwirtschaftsorganisation der Vereinten Nationen (FAO) und der internationalen Atomenergiebehörde (IAEA) haben Forscher mithilfe von Radioaktivität neue Weizen-Mutanten erzeugt und diese auf ihre Resistenz getestet. Miriam Kinyua von der Eldoret-Universität in Kenia hat die zugehörigen Feldstudien geleitet und bereits mehrere resistente Varianten identifiziert. Im August 2013 ließ das Landwirtschaftsministerium in Kenia zwei dieser neuen Sorten für den Anbau zu.

Arbeitsgruppen in den USA und in Australien haben in historischen, heute nicht in der Landwirtschaft verwendeten Varianten des Weizens Resistenzgene entdeckt und auf die heute bevorzugten Varianten übertragen. Die Gruppe von Sambasivam Periyannan aus Canberra in Australien untersuchte das Gen Sr33 aus der wild lebenden verwandten Art *Aegilops tauschii*. Sie hat es auf modernen Weizen übertragen und nachgewiesen, dass es Resistenz gegen Ug99 und ähnliche Schädlinge verleiht [56].

Gleichzeitig berichtete auch die Gruppe von Cyrille Saintenac an der Kansas State University einen Erfolg. Dort hatte man das Gen Sr35 aus der frühgeschichtlichen Weizenart *Triticum monococcum* näher untersucht und gefunden, dass auch dieses die Widerstandsfähigkeit von modernem Weizen gegen Ug99 verbessert [57].

Gegen ein einzelnes neu eingeführtes Resistenzgen könnte der Erreger womöglich schon bald ein Gegenmittel finden. Führt man allerdings zwei voneinander unabhängige Resistenzgene gleichzeitig ein, so sinkt die Wahrscheinlichkeit, dass Zufallsmutanten beide auf einmal überlisten können, drastisch. Auch eine solche Variante wird vermutlich nicht auf ewig immun bleiben, aber zumindest wird ihre Einführung das akute Problem erst einmal lösen und den Forschern mehr Zeit geben, weitere Resistenzmechanismen zu entdecken und näher zu untersuchen.

Schädlinge auf Weltreise

Den weltumspannenden Handelsaktivitäten haben wir es zu verdanken, dass Pflanzenschädlinge heutzutage praktisch überall hingelangen können. Und die Konzentration der Landwirtschaft auf relativ wenige Pflanzenarten, die rund um den Globus in den jeweils geeigneten Klimazonen angebaut werden, hat zur Folge, dass reisende Krankheitserreger auch an ihrem Zielort oft ihre Zielspezies vorfinden. Ob sie dann in neuer Umgebung Fuß fassen können oder nicht, hängt von den Umweltbedingungen ab, vor allem vom Klima (siehe auch das Kapitel 8 über Neobiota). Und da sich das Klima, wiederum vor allem dank menschlicher Einwirkung, global ändert, ergeben sich auch neue Ausbreitungschancen für Schädlinge. Mit der langfristigen Erwärmung verschieben sich die Klimazonen vom Äquator weg in Richtung der Pole, und die Arten wandern oft mit dem Klima, an das sie sich angepasst haben.

Diese Bewegung, die im Vergleich zu natürlichen Schwankungen und Veränderungen nur recht langsam abläuft, ist kaum direkt zu messen. Deshalb haben Dan Bebber und Sarah Gurr, die beide von der Universität Oxford nach Exeter wechselten, eine sogenannte Meta-Analyse durchgeführt und mehr als 600 veröffentlichte Ausbreitungsbeobachtungen von Pflanzenschädlingen untersucht [58].

Um aus diesen Daten verlässliche Schlüsse ziehen zu können, mussten die Autoren erst einmal eine ganze Reihe von systematischen Fehlermöglichkeiten ausschließen. Zum Beispiel findet man in höheren Breitengraden meist Länder mit höher entwickelter technologischer Ausstattung als in der Nähe des Äquators. Wenn diese die Schädlinge besser überwachen und früher entdecken, so kann das die Ergebnisse verzerren. Allerdings würde dieser systematische Fehler einem möglichen Klimaeffekt entgegenwirken und eine Bewegung zum Äquator hin suggerieren.

Auch die geografischen Unterschiede zwischen den untersuchten Regionen, das Auftreten von Ausbreitungsbarrieren wie Wüsten und Ozeanen, sowie dramatische von Menschen ausgelöste Veränderungen wie Entwaldung großer Flächen machen die Untersuchung kompliziert. Die Forscher kamen jedoch nach Würdigung all dieser Probleme zu dem Schluss, dass keines von ihnen eine Wanderung zu den Polen hin vortäuschen könnte, wie man sie aufgrund des Klimawandels vorhersagen würde.

Die Untersuchungen förderten auch tatsächlich einen solchen Effekt zutage, zumindest für die wichtigsten großen Gruppen, darunter Pilzkrankheiten und Insekten. Für bakterielle Erkrankungen konnten sie keine signifikante Bewegung nachweisen, während sich Würmer und Viren eher dem Äquator zu nähern schienen. Das mag damit zusammenhängen, dass die beiden letzteren Gruppen sich nicht mithilfe des Windes verbreiten können, also auf menschliche Bewegungen angewiesen sind. Sie sind überdies nicht so leicht nachzuweisen, also könnte der oben angesprochene Unterschied des Entwicklungsstands zu dieser Beobachtung beigetragen haben.

Unter den zahlreichen Pflanzenschädlingen stellen Pilze die Wissenschaft vor ganz besondere Probleme. Sarah Gurr und Kollegen haben in einem Übersichtsartikel in *Nature* dargelegt, dass parasitäre Pilze sowohl Tier- als auch Pflanzenarten auslöschen können [59]. Dies widerspricht scheinbar den Lehren der Ökologie, die normalerweise vorsehen, dass sich zwischen einem Krankheitserreger und seinem Wirt ein Gleichgewicht einpendelt, das das Überleben beider Arten sicherstellt. Viren und Bakterien sind meist auf eine Art als Wirt spezialisiert, und wenn sie diese zu drastisch dezimieren, gefährden sie ihre eigene Verbreitung oder gar das Fortbestehen ihrer eigenen Art.

Bei Pilzinfektionen liegen die Dinge allerdings insofern etwas anders, als diese oft mehrere Arten befallen können und Sporen bilden, die in der Natur auch ohne den Wirt längere Zeit überleben können. Diese beiden Umstände machen es möglich, dass Pilzinfektionen tatsächlich das Aussterben von Arten auslösen können. Damit werden sie nicht nur für die Landwirtschaft, sondern auch für den Naturschutz zum Problem.

Pilze und andere Auslöser von Pflanzenkrankheiten können die Lebensmittelversorgung gefährden, wenn sie in neue Gebiete vordringen oder neue Varianten hervorbringen. Anfällig dafür sind zum Beispiel tropische Gewächse wie Kaffee, Kakao und Zitrusfrüchte, von denen die Volkswirtschaften ganzer Länder abhängig sind.

Global gesehen sind aber diejenigen Erreger am gefährlichsten, die die Grundnahrungsmittel der Welt bedrohen, also vor allem Reis, Weizen und Kartoffeln. Und unter diesen Missetätern findet sich auch – immer noch – der Auslöser der Hungersnot in Irland. Zwar gibt es heute chemische Gegenmittel und resistente Pflanzenvarianten, aber die Kraut- und Knollenfäule richtet immer noch enorme Schäden an. Selbst im Normalbetrieb, ohne dass es einen besonderen Ausbruch oder Anstieg der Krankheit gibt, vernichtet sie Kartoffeln, die rund 80 Millionen Menschen versorgen könnten.

Und diese Zahl kann ohne Weiteres eine Null zulegen, wenn die Evolution dem Erreger neue Waffen in die Hand gibt. Untersuchungen der genetischen Vielfalt von *Phytophthora infestans* in Großbritannien haben gezeigt, dass eine neue, besonders aggressive und resistente Form des Erregers sich innerhalb weniger Jahre über ganz Großbritannien ausbreiten und die Vorrangstellung unter den genetisch unterscheidbaren Stämmen übernahm [60].

Die Forscher legten gleichzeitig auch das Genom der neuen Variante vor und identifizierten einige Gene, die möglicherweise als Angriffspunkte für Gegenmaßnahmen dienen können. Auch die genetische Identität des Stamms, der im 19. Jahrhundert Irland heimsuchte, ist inzwischen geklärt [61].

Dennoch, und trotz all der spektakulären Fortschritte in der Molekularbiologie, stellen solche neu evolvierten Varianten von Pflanzenpathogenen eine ernste Gefahr für die Lebensmittelversorgung der Menschheit dar, insbesondere auch, da die globalen Transportnetzwerke ihre schnelle Verbreitung ermöglichen. Verschärfte Wachsamkeit vor allem in den Entwicklungsländern, sowie verstärkte Forschungsanstrengungen vonseiten der reicheren Länder werden nötig sein, um weitere Katastrophen zu vermeiden.

15
Ein seltsamer Überlebender der Dinosaurierzeit

Angesichts des massiven Artensterbens, das die Menschheit auf dem Gewissen hat, ist es tröstlich zu wissen, dass sie zumindest eine Pflanzengattung vor dem Aussterben bewahrt hat. Man findet diese heute in privaten und öffentlichen Gärten rund um die Welt – den Ginkgo.

Ginkgo-Blätter (Foto: M. Groß).

Manche Arten werden gelegentlich als »lebende Fossilien« bezeichnet, weil sie aussehen, als seien sie Überlebende aus einer lange vergangenen Epoche der Erdgeschichte. Zu diesen gehört der Quastenflosser, von dem man angenommen hatte, er sei mit den Dinosauriern ausgestorben – bis Marjorie Latimer im Jahr 1938 ein totes

Invasion der Waschbären Erste Auflage. Michael Groß.
© 2014 WILEY-VCH Verlag GmbH & Co. KGaA.

aber noch frisches Exemplar identifizierte (siehe Kapitel 27). Ähnlich ungewöhnlich ist das Schnabeltier, das neben der Familie der Ameisenigel zu den letzten Überlebenden einer urzeitlichen Ordnung (Monotremata oder Kloakentiere) gehörte, die bereits in der Urzeit der Säugetiere und Beuteltiere präsent war, und offenbar langfristig den Kürzeren zog. Heute sind lebend gebärende Säugetiere die Norm (außer in Australien, wo die Beuteltiere sich halten konnten), und die wenigen, nur in Australien und Neuguinea auftretenden Kloakentiere sind exzentrisch anmutende Außenseiter.

Auch bei den Pflanzen gibt es ungewöhnliche Überlebende nach Art des Schnabeltiers. Das Paradebeispiel ist der Ginkgo [62]. Im Jura (vor 200–145 Millionen Jahren) gab es mehrere Ginkgo-Arten. Sie zeichneten sich durch eine urzeitliche Art der Samenproduktion aus, die sich deutlich von den Koniferen (Nadelbäumen) sowie von der späteren Erfindung der Blütenpflanzen unterschieden, die heute – zumindest in den von Menschen gestalteten Landschaften, Parks und Gärten – dominierend sind. Auch in der Kreidezeit gediehen die Ginkgos noch in gemäßigten Klimazonen rund um den Globus, zusammen mit den Dinosauriern.

Sie überlebten das Massensterben, dem neben vielen anderen Arten auch die Dinosaurier zum Opfer fielen, aber das kühlere Klima, das uns vor rund 35 Millionen Jahren die permanente Eisschicht im Südpolargebiet brachte, stellte den urzeitlichen Baum vor eine neue Herausforderung. Zyklisch wiederkehrende Eiszeiten drängten die Pflanzen aus den ehemals milden Klimazonen zurück, und nach jeder Eiszeit mussten diese sich den verlorenen Boden erst mühsam zurückerobern. Nach der letzten Eiszeit gelang dies dem Ginkgo nicht mehr, er verschwand vielmehr fast überall, außer in Teilen Chinas.

Manche Biologen vermuten, dass eine Tierart, die mithalf, die Samen des Baums zu verbreiten, und die somit die Landrückgewinnung nach einer Eiszeit beschleunigte, ausgestorben war, und dass der Ginkgo sich deshalb nur noch an den bereits besiedelten Flächen festhalten, aber weder Neuland erobern noch mit der Verschiebung von Klimazonen mitwandern konnte.

Damit stand der Ginkgo selbst kurz vor dem Aussterben, hatte aber noch einmal Glück. Die frühe Kultur Chinas fand Gefallen an dem ungewöhnlich aussehenden Baum und verbreitete ihn gezielt. Er wurde an heiligen Stätten gepflanzt und besonders alte, stattliche Exemplare wurden verehrt. Reisende brachten ihn in andere Länder, und heute wächst er wieder rund um die Welt, wenn auch meist in von Menschen angelegten Gärten, wo seine eigentümlichen Verzweigungsmuster und die tief gespaltenen Blätter sofort auffallen und der Pflanze eine Aura des Exotischen verleihen. Neben den vielen Tausenden von Arten, die menschliche Aktivitäten in den Untergang getrieben habe, finden wir hier eine, die wir vor dem Aussterben retten konnten.

Dem Ginkgo wird im Buddhismus mythische Kraft zugeschrieben, und in der Naturheilkunde sollen seine Inhaltsstoffe, die als Tabletten und Tinkturen erhältlich sind, für ein längeres, gesünderes Leben sorgen. Vielleicht kommt diese Vorstellung auch einfach nur daher, dass die Art selbst so lange und gegen alle Wahrscheinlichkeit überleben konnte.

16
Wildtiere kehren nach Europa zurück

Weltweit befinden wir uns in einem dramatischen Massensterben der Arten. Dennoch konnte der Naturschutz in Europa einige Erfolge verzeichnen. Für rund drei Dutzend Tierarten hat sich die Situation in den letzten Jahrzehnten deutlich verbessert. Ein im September 2013 erschienener Bericht analysiert die Trends und deren Ursachen. Die Berichterstatter wollen damit keinesfalls die Bedeutung des globalen Artensterbens schmälern. Aber ein detailliertes Verständnis der Mechanismen, die einigen Arten in Europa die Rückkehr ermöglichten, könnten demnächst auch anderen bedrohten Arten rund um die Welt helfen.

Im Rothaargebirge, in der Umgebung des Städtchens Bad Berleburg, gab es im Frühjahr 2013 einiges Aufsehen. Zuerst, im April, wurde eine kleine Herde von Wisenten, den europäischen Vettern des amerikanischen Bisons, in die Freiheit der Privatwälder des Prinzen zu Sayn-Wittgenstein-Berleburg entlassen. Und kaum einen Monat später bekam die Herde auch schon Nachwuchs – das erste in Deutschland in freier Wildbahn geborene Wisentkalb seit mehreren Jahrhunderten. Es erhielt den Namen Quintus (die Mutter hatte in der Gefangenschaft schon vier andere Kälber geboren). Mit diesem freudigen Ereignis war zumindest der Medienerfolg der Freisetzungsaktion gesichert.

Zuvor hatten Experten sich jahrelang den Kopf darüber zerbrochen, ob die größten Landsäugetiere Europas auch keine Gefahr darstellen würden, wenn sie so ganz unbeaufsichtigt durch die Flur streifen. Ein Weg, der von Wanderern und Mountainbikern genutzt wird, führt quer durch das erweiterte Revier der freigesetzten Wisente. Aber da die Herde von nur neun Tieren (einschließlich Quintus) 150 Quadratkilometer Auslauf hat, bleibt die Wahrscheinlichkeit, ihr über den Weg zu laufen, eher gering. Wer ins Sauerland kommt und partout

Invasion der Waschbären Erste Auflage. Michael Groß.
© 2014 WILEY-VCH Verlag GmbH & Co. KGaA.

Wisente sehen will, sollte lieber mit Sayn-Wittgenstein-Berleburgs Zweitherde vorliebnehmen, die weiterhin in einem besucherfreundlichen Gehege gehalten wird, in dem Wildpark »Wisent-Welt Wittgenstein«.

Die Idee, die letzten Überlebenden der urzeitlichen Megafauna Europas frei herumlaufen zu lassen, muss vielen zunächst exotisch, um nicht zu sagen verrückt erschienen sein. Schließlich gibt es in Westeuropa kaum noch zusammenhängenden Lebensraum in dem Maßstab, wie er für große Säugetiere erforderlich ist. Andererseits liegt aber die Wiedereinführung von Wildtieren durchaus im Trend, und erfolgreiche Schutzmaßnahmen, verbunden mit einer weniger intensiven Nutzung von vielen Gebieten, macht die Wiederkehr der europäischen Natur vielerorts möglich.

Die in den Niederlanden ansässige internationale Stiftung Rewilding Europe hat einen Bericht in Auftrag gegeben, der von MitarbeiterInnen mehrerer zoologischer Gesellschaften und Institute erarbeitet und dann im September 2013 vorgestellt wurde: »Wildlife comeback in Europe: The recovery of selected mammal and bird species« [63]. In diesem Bericht werden 37 Tierarten untersucht, deren Häufigkeit und/oder Verbreitungsgebiet in den letzten Jahrzehnten gewachsen ist, darunter auch das Wisent.

Wiederkehr des Wisents

Bevor die Menschen auf die Idee kamen, Wisente (*Bison bonasus*) zu jagen und zu verspeisen, lebten diese in fast ganz Europa, von den Pyrenäen bis hin zum europäischen Teil Russlands. Die Jagd und der Verlust des Lebensraums drängten den Wisent immer weiter zurück, bis im Jahre 1927 keine freilebenden Exemplare mehr übrigblieben. Rund 50 Tiere lebten zu diesem Zeitpunkt in Gefangenschaft. Sie alle stammten von gut einem Dutzend gemeinsamen Vorfahren ab – ein genetischer Engpass, der durchaus das endgültige Aussterben der Art hätte besiegeln können.

Sorgfältig überwachte Zuchtprogramme – es gibt für Wisente sogar ein Zuchtbullenregister! – konnten den Bestand wieder ausweiten, und seit den 1950er-Jahren wurden des Öfteren Wisentherden in die Freiheit entlassen. Die ersten Auswilderungsversuche geschahen in den Wäldern von Białowieża im Grenzgebiet zwischen Polen und Weißrussland und dann auch in anderen osteuropäischen Ländern.

Im Jahr 2011 gab es bereits 2700 frei lebende Wisente in 33 Herden – und die Tendenz ist steigend, wie der Zuwachs im Rothaargebirge zeigt. Freisetzung von sorgfältig gezüchteten Herden bleibt allerdings bisher der hauptsächliche Mechanismus der Zunahme – die Ausbreitung und natürliche Vermehrung spielt bisher keine vergleichbare Rolle. Es gibt allerdings noch bisher ungenutzte Lebensräume für Wisente, wo weitere Freisetzungen Erfolg versprechen, etwa in den Karpaten, an der Grenze zwischen der Slowakei und Polen. Dieses Gebiet gehört zu den Räumen, die Rewilding Europe ganz der Natur überlassen will.

Baumeister der Natur

Der europäische Biber (*Castor fiber*) war am Anfang des 20. Jahrhunderts ebenfalls am Rande des Aussterbens. Nur an fünf europäischen Flüssen, darunter der Elbe, waren die großen Nagetiere noch heimisch. Der Verlust von geeigneten Feuchtgebieten und die intensive Jagd auf die Pelztiere waren die Hauptursachen des Rückgangs. Jagdverbote, gesetzlicher Schutz des Lebensraums, sowie gezielte Wiedereinführungen und Umsiedlungen schufen die Voraussetzungen dafür, dass die Biber inzwischen ihren ehemaligen Lebensraum wieder neu besiedeln konnten.

Erste Schutzmaßnahmen am Anfang des 20. Jahrhunderts sollten vor allem den Interessen der Pelzindustrie dienen, ebenso die ersten Umsiedlungen in den 1920er Jahren. Nach und nach verschob sich die Motivation hinter solchen Maßnahmen aber in Richtung Ökologie und Artenschutz. Ökologen wissen die Angewohnheit der Biber, Flüsse aufzustauen, durchaus zu schätzen. Die entstehenden Feuchtgebiete bieten neuen Lebensraum für zahlreiche weitere Arten, etwa Amphibien und Libellen. Da kleinere Flüsse heutzutage weder für Mühlen noch als Transportwege benötigt werden, spricht meist nichts dagegen, sie den Bibern zu überlassen.

Im Gegensatz zu den Wisenten, die sich vor allem durch Freisetzungsprogramme ausbreiten, ergriffen die Biber schnell die Eigeninitiative und breiteten sich immer weiter aus. Heute gibt es in Europa über 300 000 Biber, vor allem in Schweden, Norwegen, Lettland und Litauen.

Der Bericht stellt allerdings fest, dass es noch weitere, bisher ungenutzte Möglichkeiten für die Nager gibt. So ist etwa die Wiedereinführung im Donauraum vorgesehen. Auch auf den britischen Inseln gibt es bisher nicht sehr viele Biber. Eine inoffizielle Einführung in Schottland war offenbar erfolgreich. Es besteht die Möglichkeit, dass die Dammbauer sich von dort über die gesamte britische Hauptinsel ausbreiten werden, und wenn ihnen das gelingt, werden die Naturschützer nichts dagegen haben.

Rückkehr der Vögel

Vögel erfreuen sich besonderer Beliebtheit bei Naturfreunden, und es gibt umfangreiche Daten über ihre Verbreitung, die oft auf Amateur-Beobachtungen beruhen. Die Mehrheit der Vogelarten hatte im 20. Jahrhundert Verluste zu vermelden, vor allem aufgrund des Verschwindens von Lebensräumen, etwa wenn Sumpfgebiete trockengelegt wurden. Für 19 Vogelarten, die in dem Bericht genannt werden, hat sich allerdings seit den 1970er-Jahren das Blatt gewendet und sie sind jetzt wieder öfter am Himmel über Europa zu beobachten.

Einer der Rückkehrer ist der Löffler (*Platalea leucorodia*), ein Watvogel, der unter dem Verlust von Feuchtbiotopen gelitten hatte. Schutzmaßnahmen für seinen Lebensraum und insbesondere für bekannte Nistgebiete haben es dieser Art ermöglicht, sich wieder auszubreiten.

Zum Beispiel in den Niederlanden, wo der größte Teil der Population brütet, die im Winter an der Atlantikküste entlang nach Nordwestafrika zieht, hat sich die Population der Löffler seit 1962 versiebenfacht. Auch in Osteuropa, insbesondere in Ungarn und Rumänien, hat man eine Erholung der Bestände beobachtet.

Gute Nachrichten gibt es auch vom Weißstorch (*Ciconia ciconia*), der quer durch Europa als Mitbewohner unserer Städte geschätzt und in unzähligen Legenden und Kinderbüchern verewigt wurde, aber im 20. Jahrhundert vielerorts verschwand. In diesem Fall waren allerdings andere Gründe für den Rückgang verantwortlich, darunter auch die Nahrungsknappheit in den Überwinterungsgebieten in der Sahelzone. Die dort herrschende ungewöhnliche Dürreperiode von 1968

Löffler (Foto: © Jari Peltomäki/Wild Wonders of Europe and Rewilding Europe. Mit Erlaubnis.).

bis 1984 hat den Störchen ebenso zugesetzt wie den menschlichen Bewohnern dieser Gegend.

Bei einer Volkszählung der in Europa brütenden Storchpaare in 1994–1995 wurde erstmals wieder ein Zuwachs der Bevölkerung beobachtet. In der Zählung von 2004–2005 bestätigte sich der Trend. Die Schätzung für ganz Europa belief sich zu diesem Zeitpunkt auf mehr als 200 000 Paare. Polen, die Ukraine, und Weißrussland haben in Osteuropa die meisten Störche verzeichnet, und Spanien im Westen.

Abgesehen von dem Ende der Dürreperiode in der Sahelzone haben auch einige andere, unerwartete Faktoren den Störchen geholfen. In Spanien profitierten die Vögel von zusätzlichen Nahrungsangeboten durch offene Mülldeponien (denen die EU allerdings demnächst ein Ende bereiten wird), sowie durch die Verbreitung eines eingeführten Krustentiers, des roten amerikanischen Sumpfkrebses (*Procambarus clarkii*), das inzwischen eine wichtige Stellung im Speiseplan Adebars einnimmt.

Tatsächlich sind die Störche in Spanien inzwischen rund ums Jahr so gut gefüttert, dass immer mehr von ihnen die jährliche Wanderung nach Afrika aufgeben, wodurch sie auch einige Risiken vermeiden können. Insgesamt sieht es also für den Weißstorch, ebenso wie für gut ein Dutzend andere Vogelarten in Europa recht gut aus, darunter etwa die Kurzschnabelgans (*Anser brachyrhynchus*), der Singschwan (*Cygnus cygnus*) und der Krauskopfpelikan (*Pelecanus crispus*).

Der Wanderfalke (*Falco peregrinus*) erholte sich unter anderem dank des Verbots des Insektizids DDT. Geier litten in Europa unter der übertriebenen Hygiene – es lagen einfach nicht mehr genug Tierkadaver in der Landschaft herum. Viele wurden auch Opfer von Gift, das Menschen gegen Raubtiere eingesetzt hatten. Erst gegen Ende des 20. Jahrhunderts zeitigten Naturschutzmaßnahmen erste Erfolge. Unter den in dem o. g. Bericht aufgeführten, jetzt wieder zunehmenden Vogelarten finden sich gleich drei Geierarten.

Anzumerken ist dabei aber, dass die in dem Bericht benannten Arten meist große, charismatische Vögel darstellen, die in der Vergangenheit unter spezifischen, meist von Menschen erzeugten Problemen litten, etwa Jagd, Vergiftung, oder Verlust von geeigneten Nistplätzen. Die Autoren warnen vor Verallgemeinerungen, da die große Mehrheit der Vogelarten in Europa immer noch bedroht ist. Darunter befinden sich viele, die generell mit der von Menschen gestalteten Umwelt Schwierigkeiten haben, und denen man mit einfachen Maßnahmen wie einem Jagdverbot oder einem Schutzgebiet nicht wirkungsvoll helfen kann.

Räuber auf der Jagd

Gegen die Rückkehr von Störchen und Löfflern, Wisenten und Bibern wird es keinen lautstarken Protest geben. Schwieriger wird die Situation allerdings, wenn die Reparatur der Natur, schon im Sinne des ökologischen Gleichgewichts, auch die großen Raubtiere wieder einführt, die Wölfe, Luchse und Bären. Die Angst vor dem »bösen Wolf« ist nicht unbedingt berechtigt, hat aber in Europa eine so tief verwurzelte Kulturtradition, dass sie für die Ambitionen von Rewilding Europe ein ernstes Hindernis darstellt.

Der Wolf (*Canis lupus*) hat sich, so vermeldet der Bericht, in manchen abgelegenen Gegenden Osteuropas bereits deutlich erholt. In kleinerem Maßstab ist er auch in Westeuropa, etwa in den Pyrenäen und auch in deutschen Wäldern, wieder vertreten. Die Verfolgung durch Bauern, die um ihre Nutztiere fürchten, ist gegenwärtig die größte Bedrohung für den wilden Verwandten unserer Schoßhunde.

Ähnlich sieht es auch für die anderen in Europa einheimischen Raubtiere aus, darunter der Luchs (*Lynx lynx*), der Vielfraß (*Gulo gulo*) und der Goldschakal (*Canis aureus*). Eine Erholung der Bestände hat bereits begonnen, und ihre weitere Verbreitung wird von Naturschützern gefordert und gefördert, aber Konflikte mit menschlichen Nachbarn sind vorprogrammiert.

Entscheidend für den Erfolg der Rückkehr der einheimischen Natur in Europa dürfte demnach letztendlich die Frage sein, ob die menschliche Bevölkerung, die sich an eine ordentliche, wie ein Garten gepflegte Version der Natur gewöhnt hatte, wieder aufs Neue lernen kann, mit etwas mehr Wildnis zurechtzukommen. Wenn das gelingt, können die dabei gemachten Erfahrungen vielleicht auch der Rettung oder Wiederherstellung der Natur in anderen Erdteilen zugute kommen.

17
Das Pfeifen im Walde

Noch vor wenigen Jahrhunderten lauerten in unseren Wäldern tödliche Gefahren, die den Menschen Angst machten und ihre Fantasie anregten. Heute müssen wir uns eher um das Überleben der Wälder Sorgen machen, da ihre vielfältigen und wichtigen ökologischen Funktionen von Kettensägen und Krankheiten bedroht wird.

Vor zweihundert Jahren schrieben die Brüder Grimm, die ebenso wie der Autor dieser Zeilen an der Universität Marburg studiert hatten, ihre Kinder- und Hausmärchen auf, die in zwei getrennten Bänden 1812 und 1815 veröffentlicht wurden. In den Märchen, die sie sich von zahlreichen Informanten erzählen ließen, spielt der Wald oft eine wichtige Rolle als Ort der unheimlichen Gefahren. Wölfe, Hexen und Räuber lauerten im dunklen Dickicht. Auch wenn sich zu Zeiten der Brüder Grimm die wilde Natur schon auf dem Rückzug befand, so hallen hier, wie auch in manchen anderen Werken der Romantik, Ängste nach, die viele Jahrhunderte lang durchaus berechtigt waren.

In den zwei Jahrhunderten seit der Erstveröffentlichung von Grimms Märchen ist der dunkle und bedrohliche Wald jedoch endgültig aus der Realität der deutschen Landschaft verschwunden. Selbst im Spessart gibt es keine Räuberbanden mehr, und auch der Schwarzwald ist nicht mehr so schwarz wie er einmal war. Die heutigen, von Förstern gepflegten Wälder sind eher mit etwas verlotterten Gärten als mit dem Urzustand der europäischen Natur nach der letzten Eiszeit zu vergleichen. Und wenn wir heute auch keine Angst vor den Wäldern mehr haben müssen, so ist es vielleicht doch angebracht, Angst um die Wälder zu haben. Denn von deren Überleben hängt in den Zeiten des Klimawandels womöglich auch unseres ab.

Entwaldung à la carte

Dass die tropischen Regenwälder in erschreckendem Tempo abgeholzt werden, wissen wir ja nun alle. Allerdings waren bisher die verfügbaren Informationen zum Verlust der Waldflächen ein bunter Flickenteppich, da verschiedene Länder, wenn überhaupt, verschiedene Arten der Information zugänglich machten. Im Dezember 2013 haben Matthew Hansen und Mitarbeiter an der University of Maryland erstmals eine mit allen Wassern der modernen Technologie gewaschene interaktive Weltkarte der Waldflächen auf der Grundlage von Satellitenbeobachtungen für die Jahre 2000 bis 2012 öffentlich zugänglich gemacht [64, 65]. Besucher dieser Website können sich ebenso wie bei Google Earth in jede Gegend hineinzoomen und die Waldbestände und ihre Veränderung mit einer Auflösung von 30 Metern erkunden.

Der globale Trend zeigt immer noch einen dramatischen Verlust an Waldflächen, wobei die Verluste von 2,3 Millionen Quadratkilometern die Zugewinne von 0,8 Millionen Quadratkilometern bei Weitem übertreffen. Der Nettoverlust von 1,5 Millionen Quadratkilometern entspricht etwa der Fläche der europäischen Staaten Deutschland, Frankreich, Spanien und der Beneluxländer zusammengenommen. Schlimmer noch, der globale Verlust an tropischen Regenwäldern hat sich im Zeitrahmen von 2000 bis 2012 sogar beschleunigt. Im Durchschnitt gingen jedes Jahr 2100 Quadratkilometer mehr verloren als im Vorjahr.

Eine positive Nachricht ist immerhin, dass der Verlust des Regenwalds im Amazonasbecken in Brasilien sich zu verlangsamen scheint. Dort wurden kurz nach der Jahrtausendwende noch 40 000 Quadratkilometer (größer als Baden-Württemberg) pro Jahr gerodet, doch seit 2010 pendelt der Wert zwischen 20 000 und 25 000 Quadratkilometern. Damit sind die Verluste in Brasilien immer noch auf dem zweiten Platz (hinter Russland) der Entwaldungs-Hitparade, aber immerhin konnte Brasilien demonstrieren, dass der politische Wille, die Entwaldung zu bremsen, erste Erfolge gezeigt hat.

In der globalen Bilanz wird das brasilianische Bremsmanöver allerdings von dem beschleunigten Raubbau an der Natur in Indonesien und andernorts aufgehoben. Der jährliche Waldverlust in Indonesien verdoppelte sich im ersten Jahrzehnt des neuen Jahrhunderts von unter 10 000 auf über 20 000 Quadratkilometer. Ein wichtiger Faktor ist in diesem Fall die unaufhaltsame Ausbreitung von Palmöl-Plantagen.

In subtropischen Klimazonen zeigt die Studie ein anderes Bild – hier halten sich Verluste und Zugewinne an Waldfläche fast die Waage – es gibt lediglich 20 % mehr Verluste als Gewinne. Diese Zahl deutet darauf hin, dass in diesem Bereich die wirtschaftliche Nutzung von Wäldern, mit einem planmäßigen Zyklus von Abholzung und Aufforstung, eine größere Rolle spielt als die unwiderrufliche Abholzung zur Landgewinnung. Dieses Muster wird zum Beispiel im Südosten der Vereinigten Staaten, Uruguay und Südafrika beobachtet, sowie in den subtropischen Bereichen von China, Brasilien und Australien.

In den Bereichen gemäßigten Klimas sieht es ähnlich aus – die Verluste überwiegen die Zugewinne um einen Faktor von 1,6 und die Veränderungen gehen überwiegend auf die Bewirtschaftung von Waldflächen zurück. Sturmschäden und Waldbrände spielen allerdings in unseren Breiten eine wichtige Rolle. Brände sind in höheren Breiten sogar für die größten Verluste verantwortlich.

Vergleichbar detaillierte Datensätze waren bisher nur für Brasilien verfügbar, wo die Strategie zur Bremsung des Waldverlustes sich auf solche Satellitendaten stützte. Die Autoren schlagen vor, dass ihre interaktive Weltkarte für andere Länder als Ausgangspunkt für eine bessere Erfassung der Situation und Veränderungen der Wälder dienen kann. Da die Information im Internet frei zugänglich ist [65], können auch von den jeweiligen Regierungen unabhängige Personen und Organisationen sich im Detail mit den drängenden Problemen der Wälder auseinandersetzen und sich auf dieser Informationsgrundlage für Schutzmaßnahmen engagieren.

Auch Bäume werden krank

Zusätzlich zur Waldrodung und der gnadenlosen Ausbreitung der Landwirtschaft haben die verbleibenden Wälder auch mit Krankheiten und Schädlingen zu kämpfen. Diese Gefahren sind zwar natürlichen Ursprungs, haben sich aber durch den weltumspannenden Handel – unter anderem auch mit Holz und Gartenprodukten – auf ganz unnatürliche Weise rund um den Globus ausgebreitet [66]. Pilzinfektionen wie die für das Ulmensterben verantwortliche haben immer wieder für Schlagzeilen gesorgt und den Verlust von Millionen von Bäumen verursacht. Hunderte von Megatonnen von Kohlendioxid konnten nicht resorbiert werden, weil diese Bäume von Krankheiten dahingerafft wurden [67].

Die Ausbreitung von Pflanzenkrankheiten durch den globalen Handel ist ein allgemeines Problem, aber bei Bäumen kommt erschwerend hinzu, dass diese mit ihrem langsamen Wachstum und ihrem sich über viele Jahre erstreckenden Fortpflanzungszyklus nicht imstande sind, sich mit den Mitteln der Evolution an neu eingeführte Krankheitserreger anzupassen. Wenn ein eingeführter Schädling oder Krankheitserreger größere Baumbestände bedroht, ist oft selbst mit modernen Mitteln nichts dagegen zu machen. Eine schwache Hoffnung bietet in manchen Fällen die biologische Bekämpfung, etwa die Einführung von natürlichen Feinden der Schädlinge, zum Beispiel die Phagen, die bakterielle Krankheitserreger befallen (siehe Kapitel 19).

Aufgrund der globalen Ausbreitung von Erregern ist die Zahl der Krankheiten, denen Bäume an einem gegebenen Standort ausgesetzt sind, in den letzten Jahrzehnten dramatisch gestiegen. Vielerorts droht der Verlust von wichtigen Ökosystemdienstleistungen (siehe Kapitel 4), wenn größere Populationen einer Baumart von Krankheiten betroffen sind. Gegenmaßnahmen beziehungsweise Wiederaufforstung sind aufwendig und kosten Geld, aber wer soll sich darum kümmern, und wer soll für die Rechnung aufkommen?

Die Situation ist kompliziert, da der Nutzen von Bäumen und Wäldern in vielen verschiedenen Maßstäben in Erscheinung tritt, vom lokalen – Lebensraum für Wildtiere und kleinere Pflanzen – bis hin zum globalen, also vor allem der Regulierung von Klima und biogeochemischen Kreisläufen. Der Regenwald in Brasilien hilft zum Beispiel bei der Bewässerung der Viehweiden in Argentinien. Selbst wenn die Verantwortung für die Wälder beim Staat liegt, sprengt die Vielschichtigkeit der Ökosystemdienstleistungen noch den Rahmen.

Wenn man also nicht die Nutznießer der Wälder– oder zumindest nicht alle von ihnen – für den Erhalt der Bäume zur Kasse bitten kann, bietet sich an die Verursacher der Probleme heranzuziehen, also etwa den Handel, der die Erreger verbreitet. Natürlich würden dementsprechende Abgaben von den Betroffenen bekämpft und als Barrieren denunziert werden, die der globalen Handelsfreiheit im Wege stehen. Aber wenn sich die Baumkrankheiten weiter so ausbreiten wie in den letzten Jahrzehnten, bleibt womöglich keine andere Wahl, als den Handel entweder einzuschränken oder mit Abgaben zu belegen.

Dass Schädlinge und Krankheitserreger unbeabsichtigt an andere Orte transportiert werden, ist nicht das einzige Problem. Sind sie einmal in einem neuen Lebensraum angekommen, dann können die Erreger unter Umständen auch mit den einheimischen Arten Mischformen bilden oder von ihnen Virulenzgene übernehmen, was die Situation weiter verschärft. Der für das Ulmensterben verantwortliche Erreger, der Schlauchpilz *Ophiostoma novo-ulmi*, ist zum Beispiel bei seiner Ausbreitung über drei Kontinente gefährlicher geworden, was vermutlich auf Genübertragung zurückzuführen ist.

Die Wissenschaft kann solche Probleme zwar erkennen und in manchen Fällen Lösungen anbieten. Letztendlich hängt aber das Überleben der Wälder von menschlichen Entscheidungen ab. Und da wir aus unerfindlichen Gründen alle überlebenswichtigen Entscheidungen »den Märkten« überlassen haben, hängt es davon ab, ob diese mysteriösen Mächte erkennen, was die Wälder wert sind, bevor es zu spät ist.

Klimaschutz im Unterholz

Das Schicksal unserer Wälder ist natürlich eng mit dem unseres Klimas verbunden. Geht es den Wäldern gut, so können sie uns vor den schlimmsten Folgen des Treibhauseffekts schützen. Holzen wir sie weiter ab, so verschärfen wir damit auch den Klimawandel.

Ein ganz kleiner und bescheidener Beitrag der Wälder zur Dämpfung der Auswirkungen des Klimawandels kam in einer im Herbst 2013 publizierten Studie über die Anpassung der kleineren Pflanzen am Waldboden zum Vorschein [68]. Ein internationales Gemeinschaftsprojekt unter Federführung von Pieter de Frenne von der Universität Gent in Belgien sammelte Daten zur Vegetation am Waldboden an 1400 Orten, die mindestens zweimal untersucht wurden, wobei der Zeitabstand zwischen den Bestandsaufnahmen im Durchschnitt 35 Jahre betrug.

Die Forscher benutzten die Pflanzenarten, die im Unterholz identifiziert worden waren, sozusagen als Thermometer. Die Mittelung der optimalen Wachstumstemperatur aller an einem Ort identifizierten Pflanzenarten ergibt eine »floristische Temperatur« am Waldboden, also die Temperatur, an welche die Pflanzen am besten angepasst sind.

Zwischen den Beobachtungen änderte sich die Zusammensetzung der Pflanzengemeinschaft am Waldboden. Im Durchschnitt wurde rund ein Drittel der Arten durch andere ersetzt. An den meisten Standorten führte dieser Austausch zu einer Erhöhung der floristischen Temperatur, was insofern einleuchtend ist, als auch die Lufttemperaturen in den Sommermonaten, die zum Vergleich herangezogen wurden, sich dank globaler Erwärmung erhöht haben. Allerdings stieg die floristische Temperatur nicht so schnell an wie die durchschnittliche Lufttemperatur, und an manchen Standorten stagnierte sie sogar oder ging leicht zurück.

Die Forscher fragten sich, ob die zögerliche Reaktion der Waldflora ein Versagen der ökologischen Anpassung darstellte, oder ob vielleicht andere Faktoren eine Rolle spielten. Sie erstellten eine Graphik, in der sie die Veränderung der floristischen Temperatur gegen die Veränderung in der Dichte des von den Baumwipfeln gebildeten Schirms auftrugen. In vielen Wäldern der gemäßigten Klimazonen hat in den letzten Jahrzehnten die Dichte des Baumbestands zugenommen, da die Wälder nicht mehr so intensiv wirtschaftlich genutzt werden. Die Graphik zeigte einen eindeutigen Trend dahingehend, dass eine zunehmende Schirmdichte mit einer weniger oder gar nicht ausgeprägten Anpassung an höhere Temperaturen einhergeht. Die naheliegende Interpretation ist die, dass die dichteren Wipfel der Bodenvegetation mehr Schatten bieten und sie damit auch vor der Erwärmung schützen.

Die Autoren warnen allerdings, dass selbst dieser recht bescheidene Klimaschutzeffekt in Gefahr ist, wenn die Wälder verstärkt zur Produktion von Biokraftstoff genutzt werden. Die damit einhergehende Ausdünnung der Kronen könnte die Biotope am Waldboden gefährden, die unter anderem auch für Insekten wichtigen Lebensraum bieten.

Wenn wir also wollen, dass die Wälder uns vor den Auswirkungen des Klimawandels schützen, dann müssen wir erst einmal die Wälder schützen. Flößten die Brüder Grimm mit ihren Märchen noch Generationen von Kindern die Angst vor den Wäldern ein, so werden die nächsten Generationen sich sehr viel mehr vor einer Zukunft ohne Wälder fürchten müssen.

18

Schützt die Küsten, damit sie uns schützen

Der Wasserspiegel der Meere steigt, und die Kurve der Weltbevölkerung nebst ihrer wirtschaftlichen Aktivität auch. Wo beide unweigerlich zusammentreffen, an den Küsten, entstehen Gefahren für Mensch und Umwelt. Es gibt aber auch Chancen, die natürlichen Anpassungsmechanismen der Ökosysteme zu nutzen, und damit letztendlich beide zu schützen.

Meeresschildkröten verbringen ihr Leben im Ozean, aber die Weibchen kommen zum Eierlegen aufs Festland. Sie suchen sich einen geeigneten Sandstrand, graben ein Loch, legen die Eier hinein, und bedecken sie möglichst unauffällig. Wenn die Jungschildkröten nach mehreren Monaten Inkubationszeit schlüpfen, was normalerweise nachts geschieht, müssen sie sich erst mal aus dem Sand herauswühlen. Dann tapseln sie instinktiv zum Wasser, wo sie den Rest ihres Lebens verbringen werden – außer wenn sie selbst wieder Mütter werden.

Menschen haben, von der Landseite kommend, ebenfalls einen mysteriösen Drang, sich regelmäßig an die Küste zu begeben. Mehrere Milliarden von uns leben sowieso schon am Meer, und viele andere geben viel Geld dafür aus, jeden Sommer für ein paar Wochen ihr Badetuch im Sand ausrollen zu können, selbst wenn die Rahmenbedingungen, von der stressigen Anreise bis hin zu überfüllten und verdreckten Stränden, alles andere als günstig sind. Warum der Blick aufs blaue Meer so emotional befriedigend ist, dass Menschen ihn mit großer Opferbereitschaft immer wieder anstreben, das ist eine Frage, der sich die Wissenschaft erst vor Kurzem zu nähern begonnen hat [69].

Außer dem erholsamen Blick übers Wasser bieten die Küsten uns noch viele weitere wichtige Dienste, von der Versorgung mit Fisch und Meeresfrüchten über den Fernhandel bis hin zur Energieversor-

Invasion der Waschbären Erste Auflage. Michael Groß.
© 2014 WILEY-VCH Verlag GmbH & Co. KGaA.

gung. Diese und die historische Bedeutung des Seehandels erklären die Konzentration der Weltbevölkerung in Küstennähe. Die intensive wirtschaftliche und auch industrielle Aktivität hat die Küsten buchstäblich belastet – viele Küstenstädte versinken schneller im Boden als der Meeresspiegel aufgrund des Klimawandels steigt, wobei die Entnahme von großen Mengen Grundwasser ein Hauptgrund für das Absinken ist.

Sinkende Küsten und steigende Pegel zusammen bringen die Bevölkerung am Meeresrand immer mehr in Gefahr. Der Taifun Haiyan auf den Philippinen hat im November 2013 wieder einmal demonstriert, dass die ärmsten Bevölkerungsgruppen von diesen Gefahren am stärksten betroffen sind. Allerdings haben die Schäden durch den Hurrikan Sandy an der Ostküste der USA im Oktober 2012 gezeigt, dass solche Naturkatastrophen auch die reichen Länder nicht verschonen.

Dennoch geht die Zerstörung des natürlichen Küstenschutzes, etwa der Mangroven in den Tropen, vielerorts weiter. Dabei könnte die Rettung bzw. Wiederherstellung von solchen Ökosystemen die nahegelegenen Ansiedlungen vor Katastrophen schützen.

Mangroven in Myanmar

Myanmar (Birma) ist eines der Entwicklungsländer, wo die Mangroven akut gefährdet sind. Die seit 2011 eingeleitete Öffnung des Landes für ausländische Investoren könnte die seit Jahrzehnten fortschreitende Zerstörung der Mangrovenwälder sogar noch beschleunigen. Gefährdet ist insbesondere das Ayeryawady-Flussdelta, wo historische Mangrovenwälder eine Bevölkerung von 7,7 Millionen Menschen vor Flutkatastrophen schützen.

Edward Webb und Kollegen von der Nationaluniversität von Singapur haben die Zerstörung der Mangroven im Ayeryawady-Delta anhand von Satellitendaten von 1978 bis 2011 und Beobachtungen vor Ort analysiert und herausgefunden, dass diese noch schneller voranschreitet, als man bisher glaubte [70]. Die Forscher fanden, dass die Gegend seit 1978 nahezu ein Drittel ihrer Mangroven verloren hat. Von 2623 Quadratkilometern im Jahre 1978 blieben bis 2011 nur 938 Quadratkilometer übrig. Das einzige Gebiet, das von der allgemeinen Abholzung verschont blieb, ist das Naturreservat Meinmahla

Kyun, das auf einer abgelegenen Inselgruppe liegt. Die verbleibenden Mangrovenflächen waren überdies stark aufgesplittert, wobei keine zusammenhängende Fläche von mehr als 300 Quadratkilometer übrig blieb. Bis zum Jahr 2026, so extrapolieren die Autoren, könnten die Mangroven im ganzen Delta, bis auf die geschützte Inselgruppe, völlig verschwunden sein.

Hauptgrund für die Entwaldung ist die Landgewinnung für landwirtschaftliche Zwecke. Traditionell wurden die Feuchtgebiete in Reisfelder umgewandelt, aber die internationalen Investoren, die nun in Myanmar aktiv werden, dürften sich eher für hochwertigere Produkte wie Jute, Palmöl, Baumwolle oder Zuckerrohr interessieren. Auch die Garnelenzucht, die im benachbarten Thailand schon für ihre umweltschädlichen Praktiken berüchtigt ist, könnte sich an den entwaldeten Küsten ebenfalls breitmachen.

Fände die wirtschaftliche Entwicklung unter sinnvollen Umweltschutzauflagen mit geeigneter institutioneller Überwachung statt, so könnte man den Erhalt der wichtigen Ökosystemdienstleistungen der Mangroven (Küstenschutz, Brutstätte für Fische) mit den berechtigten wirtschaftlichen Interessen der Bevölkerung vereinbaren. Unter Berücksichtigung der Vorgeschichte in Myanmar und der Praktiken in anderen Ländern der Region beurteilen Webb und Kollegen die Situation allerdings eher skeptisch.

Nachwachsender Schutz

Angesichts des beschleunigten Anstiegs des Meeresspiegels ist der Verlust von Mangroven und Marschen besonders tragisch, denn diese Biotope können sich an den steigenden Wasserpegel anpassen. Untersuchungen an urzeitlichen Küsten haben immer wieder gezeigt, dass die Biotope mit einem Anstieg von rund drei Millimetern pro Jahr, wie wir ihn jetzt erleben, gut mithalten können [71]. Beim Abschmelzen der letzten Eiszeit gab es zeitweise deutlich schnellere Anstiege, wobei Marschen es mit 7 mm pro Jahr noch aufnehmen konnten, bei 12 mm pro Jahr aber buchstäblich untergingen. Der Anpassungsvorgang ist eine komplizierte und je nach Artenmischung und Standortbedingungen verschiedene Mischung aus Wachstumsvorgängen über und unter dem Bodenniveau, sowie Änderungen bei der von den Pflanzen bewirkten Sedimentablagerung.

Ungünstige Umstände vor Ort, wie etwa Absenkung der Küste (durch Grundwasserentnahme) oder das Ausbleiben von Sedimentanschwemmung (durch Staustufen in den Flüssen) können das Nachwachsen der Küstenbiotope erschweren. Zusätzlich wird die Situation auch noch dadurch verkompliziert, dass sowohl die steigenden Temperaturen als auch der zunehmende Kohlendioxidgehalt der Atmosphäre das Pflanzenwachstum beeinflussen. Trotz aller dieser Verwicklungen, die oft nur schwer zu analysieren und vorauszusagen sind, glauben Experten, dass intakte Küstenbiotope mit dem Anstieg der Weltmeere zurechtkommen werden. Gefährdet sind sie vor allem von der direkten Zerstörung durch menschliche Aktivitäten.

In den Tropen gilt es, der Zerstörung von Küstenbiotopen und dem Verlust ihrer Schutzfunktion Einhalt zu gebieten. An den Küsten Europas sind die Marschen vielerorts schon vor Jahrhunderten der Landgewinnung gewichen. Kann man in solchen Gebieten die bereits lange verlorenen Biotope wiederherstellen?

Sofern der Platz noch vorhanden ist, ist die Regenerierung der Marschen langfristig ein kostengünstigerer Hochwasserschutz als die rein physikalische Abwehr des Wassers durch Deiche, sagen Stijn Temmerman von der Universität Antwerpen und Kollegen [72].

Die Niederlande stellen ein extremes Beispiel dar, da ein großer Teil der Fläche des Landes auf Landgewinnungsmaßnahmen zurückgeht und vielfach bereits jetzt unter dem Meeresspiegel liegt. Weiteres Ansteigen des Pegels und Absinken des Bodens führt dazu, dass es von Jahr zu Jahr immer teurer wird, die Nordsee außen vor zu halten. Da die Landgewinnung und der beständige Kampf gegen das Meer dort zutiefst mit der nationalen Identität verwoben ist, dürfte die Rückumwandlung von Feldern in Marschen dort nicht so leicht Zustimmung finden.

In Belgien hingegen ist ein großangelegtes Projekt zum ökologischen Hochwasserschutz im Mündungsbereich der Schelde bereits im Gange. Bis zum Jahre 2030 sollen 4000 Hektar von einst trockengelegtem Land wieder als Überflutungsgebiet bei Hochwasser zur Verfügung stehen. Davon werden 2500 Hektar als Salzmarschen regelmäßig von den Gezeiten durchtränkt werden. Die Deiche werden weiter ins Landesinnere verlegt. Dank der Schutzwirkung der Marschen müssen die neuen Deiche im Inland dann nicht mehr ganz so hoch sein, wie man sie direkt an der Küste anlegen müsste.

Auch an der Mündung des Flusses Humber im Norden Englands werden Deiche ins Landesinnere verlegt, wobei die offizielle Bezeichnung »managed coastal realignment« ein wenig an den militärischen Euphemismus der Frontbegradigung erinnert – bloß nicht von einem Rückzug sprechen! Mancherorts ist allerdings ein Rückzug durchaus sinnvoll und notwendig, wenn zum Beispiel die Küste durch Erosion abgetragen wird und die Marschen andernfalls ihren Raum verlieren würden.

Auch im Delta des Mississippi und in der Bucht von San Francisco wird in bescheidenem Rahmen an der Wiederherstellung von Marschland gearbeitet, wobei auch künstliche Aufschüttung von Material zum Einsatz kommt. Bei Städten, die direkt ans Meer gebaut sind, wie Hamburg, Barcelona oder New York, fehlt natürlich der Platz für eine wirksame ökologische Barriere am Ufer. Temmerman und Koautoren schlagen vor, dass Fachleute aus Ökologie und Bauwesen sich zusammensetzen sollten, um mögliche Alternativen in den Küstengewässern zu entwickeln, wie etwa künstliche Korallenriffe.

Internationale Zusammenarbeit

Nun ist das stetig wachsende Überschwemmungsrisiko bei Weitem nicht das einzige Problem der Küstenregionen. Viele der Umweltprobleme, die unsere Zivilisation und wachstumshungrige Wirtschaft hervorgebracht haben, treten insbesondere am Meeresrand in Erscheinung. Überschüssige Düngemittel gelangen über die Flüsse in die Küstengewässer und verursachen dort Eutrophierung (Überdüngung, die zu Algenblüten führt und andere Lebensformen ersticken kann). Plastikmüll verschandelt die Strände selbst im Norden Norwegens. Orientierungslose Wale und tote Schildkröten werden an Land geschwemmt. Und wenn mal wieder ein Öltanker zerbricht oder eine Bohrinsel explodiert, dann landen Millionen Tonnen Rohöl letztendlich auch an den Küsten.

Internationale Organisationen haben in den letzten Jahren zunehmend erkannt, dass die Meeresränder einen Brennpunkt solcher Probleme darstellen, denen man mit international koordinierten Maßnahmen begegnen muss. Die Europäische Umweltbehörde hat im Herbst 2013 einen ausführlichen Bericht darüber vorgelegt, wie die

Staatengemeinschaft den Schutz der Küsten und die dort konzentrierten wirtschaftlichen Interessen unter einen Hut bringen kann [73].

Ein wichtiger Gesichtspunkt, den der Bericht hervorhebt, ist die Gewinnung und Handhabung von Daten zur Situation der Küsten, die bisher in jedem Land anders gehandhabt wird. Demzufolge sind Datensätze aus verschiedenen Quellen meist nicht kompatibel, und es fällt schwer, sich einen Überblick zu verschaffen. Dabei könnte man mit modernen Methoden der Informationstechnologie einen interaktiven und umfassenden Online-Atlas für Küstenprobleme erstellen, ähnlich wie dies auch für die Situation der Wälder erreicht wurde (siehe Kapitel 17).

Auch die systematische Erfassung der Ökosystemdienstleistungen und -werte der Küsten ist noch nicht weit fortgeschritten. Der Bericht vermeldet, dass die Europäische Umweltbehörde derzeit ein Buchhaltungssystem entwickelt, das den Wert und die Dienstleistungen der küstennahen Natur, von den Fischbeständen bis zum Erholungswert, gründlich erfasst. Auch Risiken und Gefahren sollten auf ähnliche Weise registriert werden, heißt es in dem Bericht.

Auch in der weiteren Erforschung der Ozeanografie von Küstengewässern ist internationale Zusammenarbeit angesagt. Das siebte Framework-Programm der EU (FP7) enthält ein Projekt namens JERICO (Joint European Infrastructure for Coastal Observations) zur Einrichtung von vernetzter Infrastruktur für die Küstenforschung. Zu dem JERICO-Arsenal gehören etwa frei schwimmende Beobachtungsstationen des Modells Argo sowie ferngesteuerte Glider-U-Boote.

Hoffnungsschimmer

Bei allen Gefahren, die die Ökosysteme der Küsten und die menschlichen Anrainer gleichermaßen bedrohen, gibt es doch einen Hoffnungsschimmer, der sich ironischerweise genau aus diesen Gefahren speist. Hochwasser gefährdet direkt die Vermögenswerte der Wirtschaftszweige, die in Küstennähe tätig sind, und das ist ein wesentlicher Anteil der Weltwirtschaft.

Die mysteriösen Märkte, die heutzutage die Welt beherrschen, mögen nicht viel Interesse daran haben, den brasilianischen Regenwald zu retten, denn der ist ja weit weg von ihren Vermögenswerten und produziert nur den Sauerstoff, den wir atmen. Aber sobald Flutkatastrophen die Wirtschaftsunternehmen direkt bedrohen, dann darf man hoffen, dass diese etwas zum Schutz der Küsten unternehmen werden.

Teil III
Aktiv leben

In diesem Teil des Buches geht es um Vielfalt und Funktionen der Lebewesen, also darum, was Lebewesen alles können.

19
Planet der Phagen

Bakteriophagen – Viren, die Bakterien infizieren – dienten in der Anfangszeit der Molekularbiologie als einfache Modellsysteme, doch ihre Rolle in der Natur beginnt man erst jetzt zu verstehen. Ihre Erforschung könnte auch helfen, die Krise der immer bedrohlicher werdenden Antibiotikaresistenzen zu überwinden.

Bakteriophagen, oft auch kurz Phagen genannt, sind der Wissenschaft schon seit rund einhundert Jahren bekannt. Allerdings wurde ihre Erforschung immer wieder vernachlässigt, wenn die Forscher ein neues Spielzeug geschenkt bekamen. Zuerst interessierte man sich für die antibakterielle Wirkung dieser für den Menschen völlig harmlosen Viren, doch dann kamen die Antibiotika, und die gerade erst im Entstehen begriffene Phagentherapie kam aus der Mode. Nur in der damaligen Sowjetunion, insbesondere in Tiflis, der Hauptstadt von Georgien, blieb man den Phagen treu.

Ab den 1940er-Jahren benutzten die Pioniere der Molekularbiologie auf Anregung von Max Delbrück (1906–1981) Phagen als einfache Modellsysteme. Die Forscher jener Zeit einigten sich auf einige wenige ausgewählte Modelle, darunter die Phagen T4 und Lambda, die das Bakterium *Escherichia coli* befallen und heute ebenso wie ihr Wirt zu den am besten untersuchten Arten gehören. Doch ein umfassenderes Interesse für Phagen und ihre Rolle in der Natur entwickelte sich daraus nicht.

Auch die ersten vollständig sequenzierten Genome waren Phagen-Genome. Zuerst kam MS2, das aus RNA besteht, und dann, als erstes DNA-Genom, die Sequenz von Φ-X174. Doch auch die Genomsequenzierer strebten nach Höherem. Sie entwickelten ihre Methoden weiter, sequenzierten erst Bakterien, dann Pflanzen, Tiere und Menschen, und sie ließen die Phagen wieder in Vergessenheit geraten.

Invasion der Waschbären Erste Auflage. Michael Groß.
© 2014 WILEY-VCH Verlag GmbH & Co. KGaA.

Wiedererweckt wurde das Interesse an den natürlichen Bakterien-killern erst nach der Jahrtausendwende dank zweier voneinander unabhängiger Entwicklungen: Zum einen führte die bedrohliche Verbreitung von Antibiotikaresistenzen in Bakterien zu einer Suche nach anderen Möglichkeiten, mit denen man Bakterien bekämpfen kann. Zum anderen fanden die Genomsequenzierer, die inzwischen sogar mit Proben direkt aus Gewässern oder dem Boden arbeiten und deren Artenvielfalt analysieren können, dass solche Proben aus der Umwelt sehr viel mehr Phagen enthalten, als man gedacht hatte. Selbst die von dem Urreich der Bakterien getrennt einzuordnenden Archäen haben eigene Phagen, die bisher kaum erforschten Archäophagen. Man schätzt inzwischen, dass es auf der Erde zehnmal mehr Phagen als zelluläre Lebewesen gibt – wir leben sozusagen als tolerierte Minderheit auf dem Planeten der Phagen.

Welche Rolle diese allgegenwärtigen Viren für die Populationsdynamik und Evolution ihrer Wirtsorganismen spielen, ist noch weitgehend unbekannt. Seit 2008 wissen wir immerhin, dass Phagen in nährstoffarmen Biotopen der Tiefsee eine wichtige Funktion haben: Indem sie Bakterien auflösen, setzen sie die in ihnen enthaltenen Stoffe frei und entziehen sie dem Zugriff von höheren Organismen. Auf diese Weise bleiben die knappen Ressourcen ganz in der mikrobiellen Familie.

Ein besseres Verständnis der Phagen-Ökologie und -Physiologie wäre auch aus medizinischer Hinsicht wünschenswert. Der Erreger der Cholera, *Vibrio cholerae*, wird zum Beispiel von rund 200 verschiedenen Phagenarten infiziert. Einige davon sind sogenannte lysogene Phagen, das heißt, sie schleusen ihre Gene in das Genom des Wirts ein, wo sie über Generationen hinweg weiter vererbt werden können. Auch das Gen für das Cholera-Toxin erhält *Vibrio* von solchen Phagen. Ohne diese wäre das Bakterium harmlos. Die sogenannten lytischen Phagen hingegen sind Zellpiraten, die grundsätzlich keine Gefangenen nehmen. Wenn sie eine Zelle infizieren, wird diese zur Phagenfabrik umgewidmet und umgehend aufgelöst. Diese Art von Phagen kann vermutlich die Übertragung der Cholera bremsen, doch um sie zu nutzen, müsste man die komplizierten Wechselwirkungen zwischen Phagen, Bakterien und Menschen besser verstehen.

Erste Ansätze zu einem tieferen Verständnis der Rolle der Phagen in der Natur kommen aus der zoologischen Fakultät der Universität Oxford – obwohl in diesen Untersuchungen gar keine Tiere vorkommen. Britt Koskella und Kollegen wählten die Rosskastanie als Modellsystem. Die Blätter des Baums werden von Bakterien der Art *Pseudomonas syringae*, infiziert. Die Bakterien ihrerseits werden von Phagen infiziert.

Bisher wurde die wechselseitige Anpassung zwischen Phagen und Bakterien vor allem im Labor, und wenn in der Natur, dann nur in wässrigen Habitaten untersucht. Koskella konnte mit den Blättern der Rosskastanie erstmals auf ein Modellsystem zurückgreifen, wo diese Wechselwirkung in einer wohldefinierten räumlichen Matrix stattfindet. Sie konnte zeigen, dass der »Lebensraum« der Phagen jeweils der ganze Baum ist. Bakterien aus anderen Blättern, auch von weit entfernten Zweigen desselben Baums konnten die Phagen im Laborversuch ebenso leicht infizieren wie die aus demselben Blatt isolierten Bakterien. Mit aus anderen Bäumen isolierten Bakterien derselben Art taten sich die Phagen hingegen schwer. Offenbar definiert also der einzelne Baum die Grenzen der Gemeinschaft aus Bakterien und Phagen, innerhalb derer die wechselseitige Anpassung stattfindet [74].

Wie der zeitliche Ablauf dieses Wechselspiels aussieht, untersuchte Angus Buckling, der auch an der Kastanienstudie beteiligt war, zusammen mit seinem Postdoktoranden Pedro Gómez. In Laborversuchen beobachtet man normalerweise einen »Rüstungswettlauf« der Bakterien und Phagen, wobei sowohl die Aggressivität der Phagen als auch die Resistenz der Bakterien mit der Zeit zunimmt. Dies kann man testen, indem man Phagen zu einem bestimmten Zeitpunkt der Entwicklung entnimmt und mit Bakterien aus derselben Kultur, aber von einem anderen Zeitpunkt, zusammenbringt. Im Laborversuch gewinnt von den beiden Kontrahenten immer der später entnommene, das heißt die Kampfkraft beider Seiten nimmt mit der Zeit immer zu.

Gómez und Buckling führten eine analoge Untersuchung nun erstmals in einem natürlichen Umfeld, nämlich in Bodenproben durch. Die Forscher fanden heraus, dass in der Natur kein Wettrüsten stattfindet, bei dem beide Seiten immer besser werden. Zwar ändern sich beide Seiten auch in der Natur kontinuierlich und schnell, um die jeweiligen Angriffs- bzw. Verteidigungsmaßnahmen des Gegners zu kontern. Dabei handelt es sich aber eher um ein zeitweiliges Ausweichen, nicht um eine bleibende Aufrüstung. Das zeigte sich daran, dass sowohl Phagen als auch Bakterien am wirksamsten gegen Kontrahenten kämpften, die zum selben Zeitpunkt entnommen worden waren. Sowohl gegen spätere wie auch gegen frühere Gegner sahen sie nicht so gut aus [75].

Es bleibt noch viel zu erforschen, bis wir die zahlreichsten Bewohner unseres Planeten wirklich verstehen. Als Belohnung winkt die Möglichkeit, dass sie uns verstärkt helfen können, jene bakteriellen Infektionen zu besiegen, gegen die unsere Antibiotika immer machtloser werden.

20

Mäuse-Hirn: klein, aber oho

Die Maus etabliert sich als Modell für die Hirnforschung, sogar in Bereichen, die nicht zu ihren Stärken zählen, etwa in der visuellen Wahrnehmung.

Sehen zählt nicht gerade zu den Stärken der Maus (*Mus musculus*). Sie orientiert sich vor allem mit ihrem Geruchs- und Tastsinn. Sie besitzt keine Fovea – jene besonders scharf auflösende Zone in der Mitte unseres Blickfelds, wo wir am besten sehen. Selbst mitten in ihrem Gesichtsfeld sieht sie nur etwa so gut wie wir am Rande des unseren. Darüber hinaus fehlt der Maus ein Sensor für langwelligeres, also rotes Licht, sie leidet sozusagen unter Rot-Grün-Blindheit.

Demzufolge gibt es traditionell zwar viele Publikationen zum Geruchssinn der Maus, aber eher wenige über ihre visuelle Wahrnehmung. Erst vor wenigen Jahren begannen Neurowissenschaftler sich ernsthaft für das Sehorgan der Nagetiere zu interessieren [76]. Dabei gaben praktische Erwägungen den Ausschlag, etwa der Umstand, dass man Mäuse mit wohldefinierten genetischen Eigenschaften leicht und in beliebigen Mengen züchten kann. Das kleine Gehirn der Maus ist auch leichter zu überblicken – man kann zum Beispiel von einem bestimmten Gehirnbereich besser die gesamte Aktivität erfassen. Vor allem war es auch das riesige Arsenal an genetischen Varianten und Methoden, das für die Forschung mit Mäusen zur Verfügung steht. Mit den Methoden der sogenannten Optogenetik kann man zum Beispiel Gruppen von Zellen, die nach gemeinsamen Mustern der Genaktivität definiert sind, selektiv aktivieren oder hemmen. Die Optogenetik beruht auf der Verwendung von lichtempfindlichen Proteinen, den sogenannten Channelrhodopsinen.

Aufgrund der begrenzten visuellen Möglichkeiten der Maus kann man natürlich nur einen Teil der menschlichen Sehfähigkeit in diesem Modellorganismus untersuchen, etwa die periphere Wahrneh-

Invasion der Waschbären Erste Auflage. Michael Groß.
© 2014 WILEY-VCH Verlag GmbH & Co. KGaA.

mung, oder das Nachtsehen mithilfe der Stäbchen. Andererseits ist es auch möglich, die fehlenden Fähigkeiten auf genetischem Wege zu ergänzen. So hat die Gruppe von Gerald Jacobs an der University of California in Santa Barbara Mäuse mit einem menschlichen Rot-Sensor ausgestattet. Die Forscher konnten nachweisen, dass die manipulierten Mäuse tatsächlich ein Farbempfinden wie das menschliche entwickelten [77].

Doch die Hauptattraktion bei der Untersuchung des visuellen Systems der Maus hat nichts mit ihren Lichtrezeptoren zu tun. Viel interessanter ist, was im Gehirn bei der Verarbeitung der visuellen Reize geschieht. Auch wenn das eingehende Bildmaterial nicht gerade von Spitzenqualität ist, so führt der Cortex der Maus doch dieselben Verarbeitungsprogramme aus wie sie auch beim Menschen und anderen besser sehenden Säugern ablaufen.

Die Gebiete der visuellen Neurophysiologie und Psychophysik, die neuronale Schaltkreise sowohl mit visueller Eingabe als auch mit dem daraus resultierenden Verhalten in Verbindung bringt, wurden traditionell vor allem mit Primaten untersucht, doch auch hier gewinnen Mäuse inzwischen die Oberhand.

Hier benutzen Forscher sowohl reflexartige als auch antrainierte Verhaltensweisen, um die visuelle Wahrnehmung zu erforschen. Wenn eine Maus zum Beispiel mit Belohnungen darauf trainiert wird, auf ein Lichtsignal zu reagieren, dann kann man mit ihrem Verhalten ihre Empfindsamkeit für diese Signale messen.

Solche Untersuchungen fördern immer mehr Gemeinsamkeiten zwischen den visuellen Fähigkeiten der umfassend untersuchten Säugetiere zutage. Obwohl Mäuse nicht so gut sehen wie wir, funktioniert die visuelle Abteilung ihres Gehirns doch in vieler Hinsicht genauso wie bei uns, und immer mehr Neurowissenschaftler machen sich diese Ähnlichkeit zunutze und studieren die Maus als Modell der visuellen Wahrnehmung.

Landkarten für Mäusehirne

Die Maus steht auch bei einem Forschungszentrum im Mittelpunkt, in das der Microsoft-Mitbegründer Paul Allen im Jahre 2003 einen Teil seines Reichtums investierte. Das Allen Institute for Brain Science in Seattle im Bundesstaat Washington will einen detaillierten

Funktionsatlas des Gehirns erstellen, und die erste Art, für die ein solcher Atlas vorgelegt wurde, war die Maus.

Die Forscher verwendeten vor allem In-situ-Hybridisierung, ein Verfahren, bei dem Gen-Schnipsel dazu verwendet werden, zu ermitteln, welche Gene an welchem Ort gerade abgelesen werden. Durch großtechnische Anwendung dieser Methode konnten sie bis 2006 eine dreidimensionale »Karte« der Aktivität von mehr als 20 000 Genen im gesamten Mäusehirn fertigstellen, die online frei zugänglich ist und bereits in den ersten Jahren monatlich von über 10 000 Personen genutzt wurde.[1]

Mit denselben Methoden wandte sich das Institut zunächst dem Rückenmark der Maus und der Embryonalentwicklung ihres Gehirns zu, sowie den Verbindungen der Nervenzellen im Gehirn. Dann ging es weiter in Richtung auf das ultimative Ziel der Hirnforschung, das menschliche Denkorgan.

Forscher vom Allen-Institut beteiligen sich auch an einem internationalen Projekt, das den statischen »Atlas« durch ein offenes Mitmach-Projekt nach Art von Wikipedia ersetzen soll. Die Idee ist, dass alle Hirnforscher ihre Daten in einem einheitlichen Format und mit demselben Koordinatensystem darstellen und dann in einer gemeinsamen Datenbank für alle zugänglich machen. Die größte Herausforderung dabei ist die Vereinheitlichung des Formats. Die International Neuroinformatics Coordinating Facility (INCF) hat im Jahre 2008 erstmals ein Werkstatt-Treffen zu diesem Zweck auf die schwedische Insel Waxholm einberufen. Die Insel mit ihrem eindrucksvollen Fort, das schon in Pippi-Langstrumpf-Filmen zu bewundern war, hat dem neuen Koordinatensystem des Mäusehirns seinen Namen gegeben, das man jetzt als Waxholm Space oder WHS bezeichnet.

Dieses Koordinatensystem wurde zunächst einmal mit MRI-Daten einer einzelnen Maus von einem gut untersuchten Laborstamm eingerichtet. Im Jahre 2011 wurde die INCF Digital Atlasing Infrastructure (DAI) in einer Fachpublikation vorgestellt [78].

Das neue Format steht keinesfalls isoliert in der Landschaft, es ist so angelegt, dass auch Querverbindungen zu den drei anderen Atlanten des Mäusehirns problemlos geknüpft werden können. Wie bei

---

1) www.brain-map.org

allen Wiki-Projekten wird die Qualität des Gesamtprodukts natürlich von der Mitwirkung der beteiligten Forscher abhängen.

Die Vorzüge des Mäusehirns für solche Atlas-Projekte sind ähnlich gelagert wie bei der Erforschung der visuellen Wahrnehmung. Das Denkorgan der Nager ist groß genug, um interessante Einblicke zu vermitteln, und klein genug, dass man es mit heute existierenden Methoden handhaben kann.

Das Gedächtnis schlägt Wellen

Denken Sie doch einmal an einen Weg, den Sie schon oft gegangen sind und vollziehen Sie ihn in Gedanken nach. Ich persönlich kann mir zum Beispiel genau vorstellen, wie ich die vielen Treppen vom Kölner Hauptbahnhof zum Dom hinaufsteige, am Museum Ludwig in Richtung Hohenzollernbrücke abbiege und schließlich die Stufen zum Rhein wieder hinuntergehe. Das kann ich alles vor mir sehen wie im Kino, aber wo ist es in meinem Gehirn gespeichert, wie wird es aufgezeichnet und wie abgespielt?

Gedächtnisinhalte werden in miteinander verbundenen Gruppen von Nervenzellen verschiedener Hirnareale gespeichert. Für das episodische Gedächtnis, wie etwa die Wegerinnerung, sind besonders der rechte Frontal- und Temporalcortex zuständig. Für die »Aufnahme« einer Erinnerung in diesem Bereich ist jedoch die Funktion des Hippocampus notwendig. Dies ist ein kleiner Bereich des Gehirns, der nach dem Seepferdchen benannt ist, an das seine Form erinnert.

Eine vielversprechende und umfassend untersuchte Hypothese besagt, dass die Wiedergabe und Konsolidierung im Langzeitgedächtnis mit einer bestimmten Art von schnellen elektrischen Schwingungen verbunden ist, den sogenannten Ripples. Diese sind die stärksten im Säugerhirn bekannten Schwingungen dieser Art. Sie besitzen variable Frequenzen und halten nicht länger als eine Zehntelsekunde an.

Sie entstehen im Hippocampus in Ruhephasen, wenn also keine neuen Eindrücke auf uns niederprasseln. Man vermutet, dass der Hippocampus in dieser »Offline«-Zeit mithilfe der Ripples die Eindrücke des Tages wiederkäut und im Langzeitgedächtnis konsolidiert. Daran beteiligt sind unterschiedliche Areale der Hirnrinde, in denen wir normalerweise aktuell ankommende sensorische Reize verarbeiten – mit dem Erfolg, dass wir einen vertrauten Weg auch nach Jahren vor unserem geistigen Auge abspielen können.

Bei Ratten und Mäusen, die den Weg durch ein Labyrinth erlernt haben, kann man zum Beispiel einen direkten Zusammenhang zwischen den Ripples und dem Lernerfolg nachweisen. In den vergangenen Jahren haben verschiedene Arbeitsgruppen nun erforscht, welche Zellen Ripples wahrnehmen oder Impulse zu diesen beitragen, und wie diese mit anderen Nervenzellen kommunizieren.

Nicolaus Maier und Kollegen an der Berliner Charité entwickelten Methoden, um Ripples in Dünnschnitten von Mäusehirnen so zu messen, wie sie von einer einzelnen Hirnzelle wahrgenommen werden. Mit dieser Methode untersuchte der Neurophysiker Álvaro Tejero-Cantero im Rahmen seiner Doktorarbeit an der Ludwig-Maximilian-Universität München, welche erregenden und hemmenden Ströme die sogenannten Pyramidenzellen im Hippocampus während der Ripples wahrnehmen. Die Pyramidenzellen sind hier von besonderem Interesse, da Gruppen solcher Zellen vermutlich im Rahmen der Wegerinnerung jeweils einen bestimmten Ort repräsentieren. Die Forscher fanden, dass diese ihrerseits Spannungsimpulse erzeugen, die mit den Ripples koordiniert sind [79].

Zusätzlich entwickelte Tejero-Cantero einen Algorithmus, der es ihm ermöglichte, die verschiedenen Signale, die eine Pyramidenzelle empfängt, auseinanderzuhalten und ihre Ankunftszeit genauestens zu ermitteln. Bei der Untersuchung der Ankunftszeiten machte er eine überraschende Beobachtung: Während sich Erregung und Hemmung anfangs präzise abwechselten, stieg das Tempo der Hemmung während der Ripples kontinuierlich an, sodass beide Phänomene in den letzten Zyklen zusammenfielen und sich auslöschten. Das legt die Vermutung nahe, dass der stille Einfluss der Hemmung nötig sein könnte, um die mysteriösen Ripples kurzzuhalten.

Um eine Erinnerung darzustellen werden also zu jedem Ripple-Zyklus viele Pyramidenzellen gleichzeitig aktiv. Wie kann sich ein Netzwerk organisieren, um solche Ripple-gebundene Erinnerungssequenzen wiederzugeben? Zusammen mit Axel Kammerer und Christian Leibold entwickelte Tejero-Cantero ein Computermodell, das einige Eigenschaften eines hypothetischen Erinnerungs-Netzwerks simuliert [80]. Das Modell liefert die für die Darstellung einer Erinnerung optimale Zahl aktiver Pyramidenzellen, damit möglichst viele Erinnerungssequenzen bis zum Ende abgespielt werden können. Das überraschende Ergebnis war, im Einklang mit der oben genannten Beobachtung einer filigran verwobenen Welle von Hemmung und Erregung während der Ripples, dass eine kräftige Dosis hemmender Impulse die Zahl der Erinnerungen, die gespeichert werden können, paradoxerweise nicht vermindert, sondern steigert.

Wichtig ist auch zu verstehen, wie die Ripples des Hippocampus mit dem Rest des Gehirns wechselwirken. Die Arbeitsgruppe von Nikos Logothetis am Max-Planck-Institut für biologische Kybernetik in Tübingen hat erstmals elektrische Ripple-Messungen mit Magnetresonanz-Tomografie verbunden [81]. Damit konnten die Tübinger Forscher zeigen, dass während der Ripple-Aktivität ein Großteil der Großhirnrinde angeregt ist, während andere Hirnregionen wie Mittelhirn und Hirnstamm gehemmt werden.

Dieses weitreichende Netzwerk von Aktivierung und Hemmung legt die Interpretation nahe, dass während der Gedächtniskonsolidierung die Zugangswege für neue Sinneswahrnehmungen abgeschaltet werden, während das Gehirn sich ganz darauf konzentriert, das früher erlebte erneut abzuspielen und im Langzeitgedächtnis zu verewigen.

21
Barcodes für Tiere und Pflanzen

Ein ganz bestimmter Genabschnitt bei Tieren erwies sich als geeignetes Erkennungsmerkmal für Arten und wurde deshalb DNA-Barcode genannt. Der Traum von einem universellen Erkennungszeichen für alle Lebensformen konnte allerdings bisher nicht verwirklicht werden, da die Situation schon bei Pilzen und Pflanzen komplizierter ist.

Die »Kraftwerke« unserer Zellen, die Mitochondrien, besitzen ein eigenes, verkümmertes Genom, das darauf hindeutet, dass sie von einst unabhängigen Bakterien abstammen. Bei Wirbeltieren haben die Mitochondrien nur 37 aktive Gene – eine weitaus größere Zahl von Proteinen müssen sie importieren, um die historisch bedingte Kuriosität ihrer eigenen Proteinbiosynthese aufrecht erhalten zu können.

Für dieses Mini-Genom gelten in mancher Hinsicht andere Regeln als für das weitaus größere Genom in unseren Zellkernen. So hat man zum Beispiel in Mitochondrien Abweichungen von dem ansonsten praktisch universell gültigen genetischen Code gefunden – bei nur so wenigen Genen kann man auch mal die Regeln ändern, was bei einem größeren Genom apokalyptische Folgen hätte. Allgemein sind die Genome der Mitochondrien anfälliger für Veränderungen, d. h. sie evolvieren schneller und sind deshalb geeignet für Verwandtschaftsuntersuchungen auch auf kürzeren Zeitskalen, wo man im Kerngenom kaum Veränderungen finden würde.

Ein Genabschnitt der Mitochondrien, 648 Buchstaben aus dem Gen für das Enzym Cytochrom-Oxidase 1 (CO1), hat in den vergangenen Jahren ganz besondere Bedeutung erlangt: Forscher nutzen diesen Abschnitt immer öfter als Erkennungsmerkmal für Tierarten.

Der erste Barcode

Die Besonderheit, welche diese 648 Basen gegenüber den drei Milliarden anderen in unserem Genom auszeichnet, liegt darin, dass sich dieser Abschnitt von einer Tierart zur anderen stark unterscheidet, zwischen Individuen derselben Art allerdings nur sehr selten mutiert ist. Es gibt also eine deutliche Lücke zwischen der Variabilität zwischen Arten und der zwischen Individuen, und deshalb ist diese Sequenz so gut geeignet, Arten zu identifizieren [82].

Diese Barcode-Lücke findet man zum Beispiel auch zwischen Menschen und Schimpansen. Zwei beliebig ausgewählte Menschen unterscheiden sich in höchstens zwei Buchstaben des Barcodes, während man beim Schimpansen rund 60 Abweichungen von der menschlichen Version findet.

Schimpansen von Menschen zu unterscheiden ist meistens keine große Herausforderung, doch nützlich wird die Methode vor allem dort, wo es eine unübersichtliche Vielfalt von Tierarten gibt, etwa bei Schmetterlingen. Zum Beispiel konnten Andrei Sourakov an der Universität von Florida in Gainesville und Evgeny Zakharov von der Universität Guelph in Ontario, Kanada, vor kurzem Ordnung in die mit Dutzenden von Arten in der Karibik vertretene Schmetterlingsgattung *Calisto* bringen [83].

Die »Barcode of Life«-Initiative bemüht sich, solche Anwendungsmöglichkeiten zu fördern und bekannt zu machen, unter anderem durch eine alle zwei Jahre stattfindende Konferenz, die zuletzt im Oktober in Kunming in China und davor im Jahre 2011 in Adelaide, Australien stattfand.

Zum Zeitpunkt der Konferenz von Adelaide waren bereits 167 000 Arten in der internationalen Datenbank »Barcode of Life« aufgeführt, darunter über 60 000 Motten und Schmetterlinge. Bis 2016 wollen die Barcoder die Zahl der erfassten Arten auf 500 000 erhöhen.

Zu den praktischen Anwendungsbeispielen, die in Adelaide diskutiert wurden, zählte unter anderem die Aufdeckung des »Fischbetrugs« in den USA, wo billige Fischarten unter dem Namen von teureren verkauft wurden, sowie die Untersuchung des Blutmahls von Insekten wie Tsetsefliegen – auf diese Weise kann man die Wirte der Krankheitsüberträger vollständig erfassen und ihre Ökologie besser verstehen.

Folge oder Ursache der Artentrennung?

Die saubere Artenunterscheidung des Barcode-Gens CO1 hat manche Forscher zu der Vermutung veranlasst, dass dies womöglich kein Zufall sei. Vielleicht, so mutmaßen manche, macht die Diversifizierung dieses Gens ja Populationen genetisch inkompatibel und löst damit die Auftrennung der Arten erst aus?

Wenn dies der Fall wäre, dann müsste es über komplexe Mechanismen vermittelt werden, da ja die Mitochondrien an der geschlechtlichen Vermehrung gar nicht beteiligt sind und direkt von der Mutter an die Nachkommenschaft weitervererbt werden.

Mutationen in Mitochondriengenen können allerdings ausgleichende Mutationen im Kerngenom erforderlich machen, da beide Genome ja miteinander kooperieren müssen, damit die ganze Zelle richtig funktioniert. Auch hierfür ist die Cytochrom-Oxidase ein geeignetes Beispiel, da von ihren 13 Untereinheiten drei im Mitochondriengenom codiert sind und die übrigen zehn im Kerngenom. Eine Mutation im Barcode-Gen CO1 könnte also dazu führen, dass diese Untereinheiten nicht mehr zusammen passen, und eine weitere Mutation im Kerngenom könnte dieses Problem lösen.

Aufgrund des komplizierten Wechselspiels zwischen Mitochondriengenom, Kerngenom und der Fortpflanzung ist es durchaus denkbar, dass es einen ursächlichen Zusammenhang zwischen der Barcode-Lücke und der Entstehung neuer Arten gibt. Die Forscher sind sich zu dieser Frage noch uneins, und einen klaren Mechanismus hat noch niemand gefunden [84]. Doch die rasch zunehmende Erfassung von Barcode-Sequenzen in speziellen Datenbanken gibt der Forschung jede Menge Material an die Hand, mit dem man auch dieser Frage nachgehen kann.

Doppelter Barcode für Pflanzen

Während sich die Benutzung von CO1 als Barcode für Tiere und Algen durchgesetzt hat, scheint er für Landpflanzen nicht so gut geeignet zu sein, da die Variabilität zwischen Arten und damit der Abstand zur Variabilität innerhalb einer Art geringer ist. Das Consortium for the Barcode of Life (CBOL) hat deshalb systematisch nach einem alternativen Barcode für Landpflanzen gesucht. Dabei haben sie sich insbesondere auf die für die Photosynthese zuständigen Chloroplasten konzentriert, die ebenso wie die Mitochondrien ein verkümmertes Genom besitzen.

Eine großangelegte Vergleichsuntersuchung der Eignung von sieben DNA-Abschnitten aus dem Chloroplasten-Genom in 907 Proben von 550 Pflanzenarten ergab, dass die Gene matK und rbcL sowie die nicht codierende Sequenz trnH-psbA den angestrebten Eigenschaften am nächsten kamen. Insbesondere erhofften die Forscher, dass die perfekte Barcode-Sequenz sich möglichst in allen Arten mit denselben Primer-Sequenzen[1] aufspüren lässt, dass sie in beiden Richtungen leicht zu sequenzieren ist, und, natürlich, dass sie zuverlässig zwischen Arten unterscheidet.

Obwohl die drei genannten Sequenzen diesen Vorstellungen nahekamen, erfüllte keine von ihnen die Kriterien perfekt. Nach einigen Diskussionen entschied die CBOL-Arbeitsgruppe mehrheitlich, die beiden Gene matK und rbcL gemeinsam als standardisierten Barcode für Landpflanzen zu empfehlen [85].

Diese Auswahl hat sich bisher bewährt und wird nun weithin angewandt, obwohl die Spezies-Erkennung bei Pflanzen immer noch nicht so perfekt funktioniert wie in vielen Bereichen des Tierreichs. Nichtsdestotrotz sind die Barcodes auch bei Pflanzen nützlich, etwa bei großangelegten Untersuchungen zur Ökologie und Artenvielfalt, wo sonst die Verfügbarkeit von Mitarbeitern mit enzyklopädischen Kenntnissen der vorkommenden Arten der limitierende Faktor wäre, sowie auch bei der Identifizierung von Materialien (z. B. Holz), die illegal durch Raubbau an geschützten Arten gewonnen wurden [86].

Auch bei Pilzen (Fungi – dazu gehören nicht nur diejenigen mit Stiel und Hut, sondern auch Bierhefe und Schimmelpilze) stößt man auf Schwierigkeiten. Weder COi noch der doppelte Pflanzen-Barcode, erweisen sich in dieser Abteilung des Lebens als nützlich. Erst anlässlich der Konferenz in Adelaide wurde ein »offizieller« Barcode für Fungi verkündet. Es handelte sich um eine Lückenbüßer-Sequenz namens ITS (Internal Transcribed Spacer) [87].

Ein weiteres Barcode-Projekt, das den Gastgebern der Konferenz in Adelaide offenbar besonders am Herzen liegt, da sie es sogar in den Titel ihrer Pressemitteilung aufgenommen haben: Forscher der dor-

---

1) Kurze Anfangsstücke, mit denen man das Gen identifiziert und seine Vervielfältigung durch die Polymerase-Kettenreaktion betreiben kann.

tigen Universität benutzen Pflanzen-Barcodes, um die Essgewohn-heiten der rund eine Million starken Population wilder Kamele in Australien anhand ihrer Hinterlassenschaften aufzuklären. Offenbar fressen die im 19. Jahrhundert als Lasttiere eingeführten und dann ausgewilderten Tiere rund 80 % der in ihrem Lebensraum vorkom-menden Pflanzenarten. Da haben die Barcoder noch einiges zu ana-lysieren.

22
Von Krähen lernen

Die Psychologin und passionierte Tänzerin Nicola Clayton untersucht das Verhalten von Krähen. Ihre Erkenntnisse setzt sie dann in Zusammenarbeit mit der Rambert Dance Company in Tanzbewegungen um.

Nicola Clayton ist Professorin für Kognitionsforschung an der Universität Cambridge, wo sie praktisch in der Mitte zwischen Zoologie und Psychologie schwebt. Sie arbeitet mit Krähen, aber auch mit Kindern. Darüber hinaus arbeitet sie auch mit der Rambert Dance Company in London zusammen, zu der sie eine ganz offizielle Verbindung als Gastwissenschaftlerin pflegt.

Erlebt man sie zusammen mit dem Chefchoreografen Marc Baldwin, so könnte man glauben, dass die Welten der Kunst und der Wissenschaft inzwischen miteinander verschmolzen wurden. Die beiden sind ein Herz und eine Seele, und sie sehen viele Gemeinsamkeiten zwischen den Lebenswissenschaften einerseits und dem Tanz andererseits. Beide Aktivitäten benutzen Experimente, deren Ergebnis nicht unbedingt vorher absehbar ist, versichern Forscherin und Choreograf unisono, und sogar die Karriereplanung ist vergleichbar. Man braucht zehn Jahre, um ein vollendeter Tänzer zu werden, und weitere zehn, bis man ein perfekter Choreograf sein kann. Ähnlich sieht es auch in der Wissenschaft für Forschungs- bzw. Führungspositionen aus.

Clayton und Baldwin sind nicht einmal die einzigen, die Wissenschaft und Tanz verbinden. Das ebenfalls in London angesiedelte Tanztheater Random Dance unter Leitung von Wayne McGregor sucht auch Inspiration in Wissenschaft und Technik. Die renommierte Wissenschaftszeitschrift *Science* veranstaltet jährlich einen Wettbewerb »Tanze Deine Doktorarbeit« – wobei die choreografische

Umsetzung der wissenschaftlichen Erkenntnissen aufgrund von Video-Bewerbungen bewertet wird.

Gegründet wurde das wissenschaftliche Wetttanzen ursprünglich als Vorprogramm zu einer wissenschaftlich-musikalischen Veranstaltung, die Anfang 2008 in Wien stattfand. Der Doktorand der Molekularbiologie Christoph Campregher, bei Nacht bekannt als DJ Trockenmoos, hatte einen Set ausschließlich aus Laborklängen zusammengemischt, und da ergab sich die Ausweitung auf die tänzerische Darstellung der Forschung ganz natürlich.

In den folgenden Jahren ging man allerdings dazu über, die Tänze nicht live aufführen sondern als Videos einsenden zu lassen. Es wurden immer mehr, sodass es inzwischen auch Fachkategorien gibt wie bei den Nobelpreisen. Die Jury wählt Sieger in Physik, Chemie, Biologie und Sozialwissenschaften, sowie einen Gesamtsieger, und das online-Publikum darf zusätzlich einen Publikumsliebling wählen.

Die Tanz-Techniken reichen von Disco bis Avantgarde. Die Siegerin von 2010, Maureen McKeague, ließ die gesamte Laborbesatzung synchron mit den Hüften wackeln, was rein tänzerisch eher peinlich aussieht, aber das SELEX-Verfahren (Systematic Evolution of Ligands by Exponential Enrichment) zur Gewinnung von DNA-Aptameren erstaunlich gut erklärt. Am anderen Ende des Spektrums gibt es auch Aufführungen, die äußerst interessant aussehen, aber so geheimnisvoll bleiben, dass ich die zugehörige Doktorarbeit auch noch lesen müsste, um zu verstehen, worum es eigentlich ging.

Im Jahr 2012 gewann der Australier Peter Liddicoat den Wettbewerb mit einem Tanz über Aluminium-Legierungen. Im Titel seiner Doktorarbeit liest sich das so: »The evolution of nanostructural architecture in 7000 series aluminium alloys during strengthening by age-hardening and severe plastic deformation« – doch das Tanz-Video hört auf den eingängigeren Namen: »A super-alloy is born.«

Das eingangs erwähnte Duo Clayton und Baldwin arbeiteten erstmals bei einem Projekt zu Charles Darwins 200. Geburtstag im Jahre 2009 zusammen, das unter dem Titel »The Comedy of Change« aufgeführt wurde. Clayton brachte ihre Kenntnisse über Evolution und Verhalten von Vögeln in das Projekt ein. So wurden zum Beispiel Balz- und Status-Rituale von Vögeln in der Choreografie nachgeahmt.

Ende 2011 war die Premiere eines neuen Gemeinschaftsprojekts. Dieses berücksichtigte außer dem Verhalten von Vögeln auch die Psychologie von Kindern, die seit 2002 auch zu Claytons Forschungsgebiet gehört. Dabei konzentrierte sie sich vor allem auf drei Bereiche, nämlich den Kontrast zwischen Innerem und Äußerem, Imitation und Innovation, sowie Spiel.

Bei dem Aspekt des Kinderspiels kommt auch die Zoologie wieder zum Zuge, da viele der intelligenteren Tierarten auch Spiel kennen, etwa die Rabenvögel (*Corvidae*) und die Schimpansen. Junge Raben geben zum Beispiel vor, ihr Essen zu verstecken, um herauszufinden, wer daran interessiert ist, es zu stehlen. Junge Schimpansen balgen gerne herum, um zu ermitteln, wer am stärksten ist, und um ihre eigenen Kampftechniken zu verbessern.

Auch bei dem Titel des Programms von 2011 findet sich eine Querverbindung zu Claytons Erfahrung mit Vögeln. »Seven for a secret never to be told« stammt aus einem Kinderreim, in dem Elstern abgezählt werden. Die Abzählverse verbinden die Zahl von Elstern, die man gesehen hat, mit Voraussagen für die Zukunft.

Elstern sind wiederum ein hervorragendes Beispiel für die außergewöhnliche Intelligenz der Rabenvögel. Sie gehören zu dem sehr erlesenen Club von Tierarten, die beim Blick in einen Spiegel verstehen, dass sie sich selbst darin sehen und nicht einen Artgenossen.

Zuhause in Cambridge, wenn sie nicht gerade tanzt, erforscht Clayton die Intelligenz der *Corvidae*. Bei Raben (größere Vertreter der Gattung *Corvus*) ist intelligentes Verhalten schon umfassend beschrieben worden, aber Clayton hat auch beim Eichelhäher (*Garrulus glandarius*) den Gebrauch von Werkzeugen beschrieben. Diese Art beherrscht auch einen Trick, den Claytons Ehemann, Nathan Emery, erstmals bei Saatkrähen (*Corvus frugilegus*) wissenschaftlich untersucht hat, der aber bereits in einer Fabel von Äsop beschrieben ist.

In der Fabel »Die Krähe und der Krug« wirft eine Krähe Steine in einen halbvollen Wasserkrug, um den Wasserspiegel zu heben und aus dem Krug trinken zu können. Christopher Bird und Nathan Emery stellten diese Situation mit Plexiglas-Röhren und einem auf dem Wasser schwimmenden Köder nach [88].

Die Saatkrähen warfen Kieselsteine in die Behälter, um den Wasserspiegel zu heben. Sie merkten auch, dass größere Kiesel mehr bewirken als kleinere, und dass der Trick nicht klappt, wenn in der Röhre Sägespäne sind statt des Wassers.

Zusammen mit Bird und ihrer Doktorandin Lucy Cheke übertrug Clayton das von Äsop inspirierte Experiment auf Eichelhäher. Damit konnten sie zeigen, dass die intelligente Verwendung von Werkzeugen in der Familie der Corvidae nicht nur auf die Gattung *Corvus* (Raben und Krähen) beschränkt ist. Sie versuchten auch, herauszufinden, welche Überlegungen den Vögeln durch den Kopf gehen, indem sie zahlreiche Variationen des Experiments ausprobierten. Das Erklärungsmodell, das mit den Beobachtungen am besten übereinstimmt, besagt, dass die Vögel dazu neigen, solche Handlungen zu wiederholen, die eine Bewegung des Köders in der richtigen Richtung bewegen, also ihn der Stelle näher bringen, wo sie ihn erreichen können. Dabei scheinen die Vögel in einem gewissen Maße auch Ursache und Wirkung zu berücksichtigen, verlassen sich aber nicht völlig auf diese Logik.

Claytons Arbeitsgruppe hat auch gezeigt, dass Rabenvögel für ihre Zukunft planen können, was man bisher für eine einzigartige menschliche Eigenschaft gehalten hatte [89]. Cheke und Clayton zeigten im Jahre 2011, dass Eichelhäher zwei getrennte zukünftige Bedürfnisse vorhersehen und in ihre Planung einbeziehen können, auch wenn diese mit ihren gegenwärtigen Interessen in Konflikt geraten [90].

Aufgrund ihrer Erfahrungen mit Tieren und Kindern kann Clayton genau ermessen, wie intelligent ihre Eichelhäher und andere Rabenvögel sind. Kinder erreichen dieses Niveau normalerweise mit sieben Jahren, sagt sie (siehe dazu auch das Kapitel 31 über Bewusstsein bei Tieren). Wenn das kein Grund für Freudentänze ist.

23
Wie sich Ameisen in der Wüste orientieren

Kohlendioxid-Schwaden, Vibrationen, Magnetismus, Pedometer und mehr: Wüstenameisen benützen ein ganzes Arsenal von Methoden, um in der eintönigen Umgebung ihres Lebensraums zu ihrem Nest zurückzufinden.

Ameise im Laufkanal (Foto: Kathrin Steck).

Verhaltensexperimente mit Wüstenameisen haben die bestechende Einfachheit von Schulbuchexperimenten. Man nehme: Ameisen (besonders beliebt ist die Gattung *Cataglyphis*, deren Vertreter sich zum Beispiel in der Sahara und in der Türkei finden), Laufrinnen oder Zäune, mit denen man ihre Bewegungen einschränken kann, verschiedenste Dinge, die der Ameise zur Orientierung dienen könnten,

Invasion der Waschbären Erste Auflage. Michael Groß.
© 2014 WILEY-VCH Verlag GmbH & Co. KGaA.

und sehr viel Sand. Am besten fährt man gleich nach Nordafrika und macht die Experimente im Sand der Sahara.

Um dann experimentell zu klären, an welchen Anhaltspunkten die Ameise sich orientiert, muss man Störungen einführen, also zum Beispiel Markierungen verschieben, Laufrinnen mit gewelltem statt glattem Boden einsetzen, oder das Tierchen einfach hochnehmen und an anderer Stelle wieder absetzen. Was Verhaltensforscher mit solch einfachen Tricks über die Navigationshilfen der Ameisen herausfanden ist spannend und erstaunlich vielfältig.

Das Pedometer

Zur Grundausstattung jeder Ameise gehört ein Schrittzähler, damit das Insekt immer weiß, wie weit es sich vom Nest entfernt hat. Da sie nicht immer in dieselbe Richtung laufen, müssen Ameisen zusätzlich auch die Richtung registrieren, in die sie laufen, wobei sie zur Richtungsbestimmung die Polarisation des Sonnenlichts oder das Panorama benutzen können. Das komplette Navigationswerkzeug, das die Schrittzahl und -richtung registriert und zu jedem Zeitpunkt den Vektor zwischen dem Standort der Ameise und ihrem Nest angibt, nennt man den Wegintegrator.

Die Funktion des Wegintegrators kann man leicht demonstrieren, wenn man eine Wüstenameise auf dem Weg zu ihrem Nest hochnimmt und einige Meter weiter wieder absetzt. Sie wird das Nest am falschen Ort suchen, und zwar genau um die Koordinaten dieser »Luftbrücke« verschoben. Andere Ameisenarten in abwechslungsreicheren Lebensräumen benutzen die Wegintegration ebenfalls, vor allem dann, wenn sie weit weg vom Nest in unbekanntem Gelände sind. In der vertrauten Umgebung ihres Nests benutzen sie visuelle und andere Wegweiser, auf die wir noch zu sprechen kommen werden.

Erstaunlicherweise ist der Wegintegrator durch die Wegverlängerung in hügeligem Gelände in keinster Weise zu verwirren. Kathrin Steck, Matthias Wittlinger und Harald Wolf von der Universität Ulm zeigten dies, indem sie in die tägliche Pendelstrecke der Wüstenameise *Cataglyphis* eine Laufrinne einbauten, die sie wahlweise mit glattem oder wellblechartigem Boden ausstatten konnten. Selbst wenn die Ameise auf Wellblech zur Nahrungssuche ging und auf glattem

Boden zum Nest zurückkehrte, fand sie den Weg dennoch problemlos. Auch das Fehlen von zwei Beinen beeinträchtigte den Erfolg der Wegintegration nicht [91]. Außer der Luftbrücke ist bisher die einzige erfolgreiche Methode, mit der man den Wegintegrator verwirren kann, die künstliche Verlängerung oder Verkürzung der Ameisenbeine und damit der Schrittlänge [92].

Immer der Nase nach

Wichtig ist für Ameisen auch der Geruchssinn. Man hat herausgefunden, dass sie sogar eine größere Zahl von Geruchsrezeptoren besitzen als die Taufliege (*Drosophila melanogaster*), das am umfassendsten untersuchte Modellinsekt. Der Geruchssinn hilft natürlich bei der Nahrungssuche, kann aber auch dazu dienen, im Nahbereich den Nesteingang wiederzufinden.

Erst vor kurzem fanden Cornelia Bühlmann, Bill Hansson und Markus Knaden vom Max-Planck-Institut für chemische Ökologie in Jena heraus, dass Wüstenameisen zum Auffinden des Nesteingangs auch die Kohlendioxid-Emissionen eines aktiven Nests erschnüffeln [93]. Dieses für uns geruchslose Gas ist aber nur in Verbindung mit dem Wegintegrator von Nutzen, wenn die Ameise also schon weiß, dass sie in etwa in der richtigen Gegend ist. Denn fremde Nester emittieren auch Kohlendioxid, und wenn die Ameise in ein solches hineintappte, würden die Bewohner sie töten.

Duftmarken (in diesem Fall Methylsalicylat in Hexan) benutzten Bühlmann und Kollegen auch als Kontrolle in einer weiteren Studie, in der sie neuartige Orientierungshilfen bei Ameisen identifizierten. Da Blattschneiderameisen Vibrationen zur Kommunikation benutzen (etwa als Hilferuf, wenn sie in der Klemme stecken), gingen die Max-Planck-Forscher in einer Feldstudie in der Türkei der Frage nach, ob Vibration für die Wüstenameise *Cataglyphis noda* auch eine Orientierungshilfe sein kann.

Zu diesem Zweck gruben sie einen rosafarbenen Vibrator (ganz im Ernst!) neben dem Nesteingang im Sand ein, sodass die Ameisen diesen als Wegweiser benutzen konnten. In der Tat haben sie das auch gemacht, wie man leicht herausfinden konnte, wenn man den Vibrator verschob [94]. Um sicherzustellen, dass die Vibrationen und nicht etwa elektromagnetische Felder des Geräts für die Konditionierung der Ameisen auf das Gerät verantwortlich waren, wurde dieses in einem Kontrollexperiment freischwebend in der Nähe des Nesteingangs installiert, sodass es keine Vibrationen durch den Boden übertragen konnte. In beiden Fällen war das Gerät natürlich für die Ameisen unsichtbar, sodass sie es nicht als visuellen Wegweiser benutzen konnten.

Im Rahmen derselben Feldstudie in der Türkei überprüften Bühlmann *et al.* auch, ob die Ameisen eventuell auch Magnetfelder zur Orientierungshilfe heranziehen können, und siehe da, sie konnten. Allerdings waren die eingesetzten Magnetfelder mehr als hundertmal stärker als das der Erde, man kann aus dem Ergebnis also nicht unbedingt ableiten, dass sie einen empfindlichen Kompass besitzen. Denkbar wäre zum Beispiel auch, dass das recht starke Magnetfeld elektromagnetische Anomalien in ihren Neuronen auslöste, an die sie sich »erinnern« konnten.

Mit dem magnetischen Orientierungssinn der Tiere ist das sowieso so eine Sache – bei Zugvögeln weiß man bereits seit fast einem halben Jahrhundert, dass diese das Magnetfeld der Erde zur Orientierung benutzen, doch der molekulare Mechanismus dieses Vorgangs konnte sein Geheimnis bisher wahren. Als aussichtsreich gelten Radikalreaktionen unter Beteiligung der Kryptochrome (siehe [1, S. 225]). Eine Untersuchung von Schmetterlingskryptochromen in *Drosophila* zeigte, dass diese den »Kompass« der Fliege ersetzen können, dass aber ein für die Bildung der Radikale ins Auge gefasste Tryptophan-Rest für diese Funktion entbehrlich ist [95].

Wegweiser

Wenn Ameisen nicht gerade in der eintönigen Umgebung einer Sandwüste umherirren, können sie sich wie menschliche Wanderer auch an visuell auffälligen Merkmalen der Umgebung orientieren. Selbst in der Wüste leistet ihr Augenlicht bereits einen Beitrag zur Orientierung, da es die Kompassinformation zur Wegintegration beisteuert (wie oben erwähnt entweder aus der Polarisation des Sonnenlichts oder aus dem Panorama).

Darüber hinaus können Ameisen auch lernen, unveränderliche visuelle Merkmale in der Umgebung ihres Nesteingangs als Wegweiser zu benutzen. Dies lädt Verhaltensforscher wiederum zur Manipulation ein – sie können künstliche Wegweiser einführen und dann versetzen, wenn die Insekten sich daran gewöhnt haben. Niko Tinbergen begründete diese Tradition des Insektenärgerns in den 1930er-Jahren mit seinen Feldstudien zur Orientierung des Bienenwolfs (einer Wespenart) [96].

Obwohl solche Experimente leicht zu ersinnen und durchzuführen sind, gibt es bis heute noch offene Fragen. Umstritten ist unter Ameisenforschern zum Beispiel, inwieweit die Insekten einzelne Objekte getrennt vom allgemeinen Panorama als Wegweiser wahrnehmen und ihrem Gedächtnis einprägen [97]. Eine Herausforderung ist es auch, die neuronalen Prozesse zu erforschen, die für das Lernen und Erinnern der Ameisen verantwortlich sind.

Eine weitere wichtige Frage ist die, wie die Ameisen Informationen aus ihren verschiedenen Navigationssystemen und Sinneswahrnehmungen miteinander kombinieren oder gegeneinander abwägen.

Kathrin Steck konnte zusammen mit Knaden und Hansson zeigen, dass die Kombination von visuellen und Geruchsmerkmalen es den Ameisen viel leichter macht, den Rückweg zum Nesteingang zu erlernen [98]. Experimente von Matthew Collett an der Universität von Exeter, Großbritannien, legen nahe, dass zumindest Wegintegration und visuelles Gedächtnis zusammenarbeiten und zu einem Kompromiss finden, der sich im Prinzip als Mittelwert der Vektoren deuten lässt, die jedes einzelne System liefern würde [99].

Anders als ein menschlicher Wanderer wägt die Ameise die vorhandenen Informationen allerdings nicht rational ab – vermutlich kommt es ganz einfach zu einer Überlagerung der neuronalen Signale, die aus verschiedenen Quellen auf die Bewegungssteuerung einwirken.

24
Kieselalgen zwischen Glasgehäuse und Treibhauseffekt

Sie verhalfen Alfred Nobel zu seinem Reichtum, haben das Erdklima maßgeblich geprägt und dienen auch der Nanotechnologie. Doch man weiß immer noch zu wenig über den Stoffwechsel der Diatomeen, um ihren Einfluss und ihre besonderen Fähigkeiten vom submikroskopischen bis zum globalen Maßstab optimal nutzen zu können.

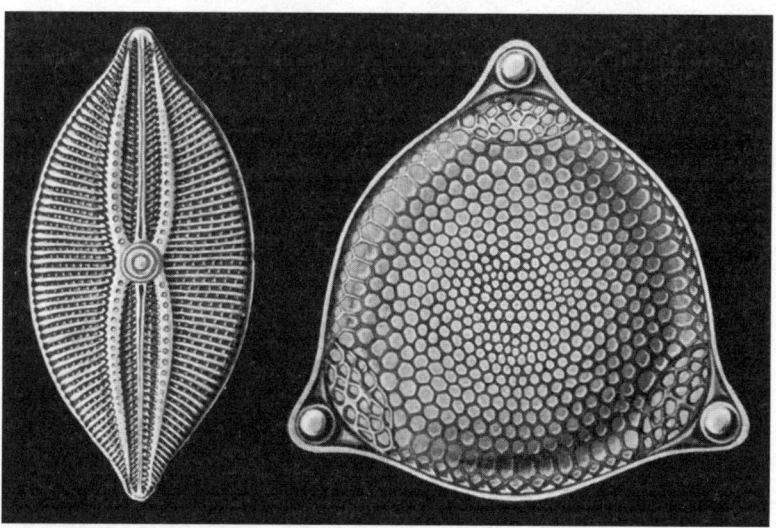

Diatomeen-Tafel von Haeckel (Bild: Ernst Haeckels *Kunstformen der Natur* (1904), Tafel 84 – *Navicula bullata* (links) und *Triceratium robertsianum* (rechts); http://commons.wikimedia.org/wiki/File:Diatomeas-Haeckel.jpg; Luis Fernández García.)

Im Jahre 1866 entdeckte Alfred Nobel, dass er den bekannten Sprengstoff Nitroglyzerin wesentlich besser handhabbar und transportabel machen konnte, wenn er ihn an Kieselgur adsorbierte. Dieser neue,

Invasion der Waschbären Erste Auflage. Michael Groß.
© 2014 WILEY-VCH Verlag GmbH & Co. KGaA.

sichere Sprengstoff, den er Dynamit nannte, schuf die Grundlage für wesentliche Fortschritte im Tunnelbau, aber auch für mörderischere Kriegswaffen. Unter dem Eindruck der Zweischneidigkeit seiner Erfindung begründete Nobel die nach ihm benannten Preise, darunter auch einen Friedenspreis.

Ermöglicht wurde dies alles durch mikroskopisch kleine, einzellige Algen mit einem Silikatgehäuse, sogenannten Kieselalgen oder Diatomeen. Kieselgur ist nämlich nichts anderes als eine Ansammlung von nach ihrem Ableben in großer Zahl verklumpter Kieselalgen. Dies blieb bei Weitem nicht die einzige Anwendung von Diatomeen. Heute interessieren sich zum Beispiel Nanotechnologen für ihre subtil geformten Silikatgerüste, und Klimaforscher denken darüber nach, ob sich der signifikante Einfluss der Algen auf das Erdklima durch Düngung in die gewünschte Richtung steuern lässt.

Späte Hochzeit

Schon die Evolution der Kieselalgen ist ungewöhnlich – sie tauchten erst relativ spät in der Erdgeschichte auf, erwiesen sich dann aber als überaus erfolgreich. Kieselalgen gehören im Prinzip zur Botanik (schließlich betreiben sie auch Photosynthese und benutzen dabei dieselben Mechanismen wie die Blumen in Ihrem Garten), aber sie erwarben ihren Photosynthese-Apparat nicht zu derselben Zeit wie alle anderen Pflanzen, sondern erst viel später.

Die meisten Pflanzen führen ihren Familienstammbaum auf die sogenannte primäre Endosymbiose zurück, also ein Ereignis, bei dem ein Eukaryont (eine Zelle mit einem echten Zellkern) ein photosynthetisches Bakterium verschluckte, das man sich so ähnlich vorstellt wie heutige Cyanobakterien. Dies muss vor ungefähr 1,5 Milliarden Jahren passiert sein, und danach verloren die verschluckten Bakterien nach und nach ihre Unabhängigkeit und einen Großteil ihres Genoms und entwickelten sich zu den heutigen Chloroplasten.

Bei dem erst viel später angesiedelten sekundären Endosymbiose-Ereignis, aus dem die Kieselalgen hervorgingen, verschluckte ein Eukaryont hingegen einen anderen Eukaryonten (vermutlich eine Rotalge), der bereits Chloroplasten besaß [100, 101]. Dies lässt sich heute noch an der vierfachen Membran ablesen, welche die Chloroplasten der Diatomeen umgibt, sowie an dem unglaublich komplizierten Puzzlespiel ihrer Genome, die Fragmente von mehreren Organismengruppen vereinen.

Diese zweite Verschmelzung fand vermutlich vor weniger als einer Milliarde Jahren statt. Anhand der Fossilien kann man klar ablesen, dass der sensationelle Siegeszug, in dem die Diatomeen die ganze Welt eroberten, erst vor rund 200 Millionen Jahren einsetzte. Seitdem haben sie sich in hunderte von Gattungen und über 100 000 Arten aufgespalten.

Heute findet man sie in allen Lebensräumen, wo flüssiges Wasser zur Verfügung steht, egal ob Meerwasser, Süßwasser, oder nur Bodenfeuchtigkeit. Im Rahmen ihres Siegeszugs haben sie erhebliche Mengen an Kohlendioxid aus der Atmosphäre entfernt – sie waren unter anderem auch an der Bildung der fossilen Brennstoffe beteiligt, die wir heute so frohgemut verheizen. Damit sind sie vermutlich mitverantwortlich für das Ende der letzten, aus unserer Sicht recht ungemütlichen Warmphase des Erdklimas vor rund 35 Millionen Jahren, als sich erstmals nach über 200 Millionen Jahren eine Eiskappe auf Antarktika bilden konnte.

Die Frage, warum die Kieselalgen sich nach ihrer recht späten Familiengründung plötzlich so rasant vermehrten, gibt den Forschern noch Rätsel auf. Manche, darunter Paul Falkowski von der Rutgers-Universität, haben vorgeschlagen, dass die Erfindung des Silikatgehäuses den entscheidenden Vorteil verschaffte.

Andere, darunter Christian Wilhelm [161] von der Universität Leipzig, haben belegt, dass Diatomeen einen besonders effizienten Weg besitzen, überschüssige Sonnenenergie wieder loszuwerden, was auch zu ihrem Erfolg beigetragen haben mag.

Genome

Aufschluss über ihre Biologie verspricht man sich nun auch von der Genomforschung. Im Jahre 2004 publizierte ein internationales Konsortium unter Federführung von Virginia (»Ginger«) Armbrust an der University of Washington in Seattle das Genom der Spezies *Thalassiosira pseudonana* aus der großen Gruppe der zentrischen (radialsymmetrischen) Kieselalgen [102]. Es folgten die Genome von *Phaeodactylum tricornutum*, *Fragilariopsis cylindrus* und *Pseudonitzschia multiseries*, die alle zu der Gruppe der eher länglichen raphiden Pennales gehören. Das dabei kennzeichnende Merkmal, die Raphe, ist ein Schlitz entlang der Unterseite der Alge, aus dem sie Schleim abscheiden kann, der sowohl der Adhäsion an Oberflächen als auch der Fortbewegung darauf dient. Eine dritte große Gruppe stellen die araphiden Pennales dar, die ebenfalls länglich geformt sind, aber keine Raphe aufweisen.

Bereits die ersten beiden Genomsequenzen von Diatomeen zeigten, dass sich diese drei Gruppen in rund 90 Millionen Jahren sehr viel schneller auseinanderentwickelt haben als vergleichbare Organismengruppen. *Thalassiosira pseudonana* und *Phaeodactylum tricornutum* sind sich auf Genomebene in etwa so ähnlich wie Mensch und Goldfisch, obwohl wir und die Bewohner unserer Aquarien sechsmal so viel Zeit hatten, genetisch unsere eigenen Wege zu gehen.

Die Genomforschung ermöglicht es auch erstmals, die komplizierte Mischung von Genen verschiedenen Ursprungs, die aus der sekundären Endosymbiose hervorging, genau aufzugliedern. Der Wirtorganismus, der die Alge verschluckte, scheint eher ein einzelliges Tier als eine Pflanze gewesen zu sein, und die verschluckte Alge scheint von Bakterien infiziert gewesen zu sein, sodass sich im Genom der Kieselalgen (und auch bei den mit ihnen verwandten Braunalgen) eine bunte Mischung von Genen findet, die jeweils denen von Tieren, Pflanzen, oder Bakterien am meisten ähneln.

Manche bezeichnen Kieselalgen daher, halb im Scherz, als »Tiere mit Chloroplasten«, während andere eher schlussfolgern, dass die traditionelle Aufteilung der Biologie in Zoologie und Botanik in diesem kompliziert gelagerten Fall einfach versagt.

Wie Tiere besitzen Diatomeen zum Beispiel einen kompletten Satz Enzyme für den Harnstoffzyklus. Die Arbeitsgruppe von Chris Bowler von der Ecole Normale Supérieure in Paris hat vor Kurzem zusammen mit Andrew Allen vom J.-Craig-Venter-Institut in San Diego, Kalifornien, einzelne Enzyme des Harnstoffzyklus gezielt außer Gefecht gesetzt und damit gezeigt, dass dieser den Kieselalgen hilft, nach Ende einer lang anhaltenden Stickstoffknappheit schnell zu beschleunigtem Wachstum überzugehen [103]. Das passt gut mit den oft gemachten Beobachtungen zusammen, dass Diatomeen die ersten Organismen sind, die sich nach Aufhebung einer Nährstoffknappheit rasant ausbreiten. Das gilt zum Beispiel auch für die Eisendüngungsexperimente, auf die ich weiter unten eingehen werde.

Kieselalgen scheinen die Kunst zu meistern, von verschiedenen Seiten »geborgte« Gene zu neuen Stoffwechselmechanismen wirkungsvoll zu verbinden. Zum Beispiel nutzen sie den »tierischen« Harnstoffzyklus auch in Verbindung mit typisch bakteriellen Reaktionen zur Synthese von neuartigen Polyaminen, die beim Aufbau ihrer Schalen eine wichtige Rolle spielen, wie wir gleich sehen werden. Besonders clever sind sie auch bei der Koordination der Tätigkeiten ihrer Chloroplasten und Mitochondrien, die ja auch aus verschiedenen Quellen stammen, was Chris Bowler vor kurzem dokumentierte [104].

Solche komplexen Wechselwirkungen und Mischformen an den Grenzen zwischen den traditionellen Unterteilungen der Biologie kann man natürlich nicht ergründen, wenn man sich lediglich mit den für die jeweiligen Unterteilungen »typischen« Modellorganismen wie *Escherichia coli* oder *Drosophila melanogaster* befasst. Die Erforschung von Organismen, die nicht in diese Schubladen passen, unter anderem auch der Diatomeen, wurde jahrzehntelang vernachlässigt. Dabei ware es gerade jetzt besonders wichtig, die Diatomeen besser zu verstehen, da sie unter anderem auch eine Schlüsselrolle bei der Regulierung des Klimas spielen.

Kieselalgen im Kohlenstoffzyklus

Heute entziehen die Diatomeen der Atmosphäre etwa genauso viel Kohlendioxid wie alle Regenwälder zusammengenommen. Man vermutet sogar, dass sie durch ihre Kohlenstofffixierung unser heutiges Klima entscheidend mitgeprägt haben.

Als ihre Ausbreitung vor rund 200 Millionen Jahren begann, war das Klima auf der Erde sehr viel wärmer als heute, und es gab keine permanenten Eiskappen an den Polen. In der Kreidezeit, vor rund 100 Millionen Jahren, als die Kieselalgen sich in viele Gattungen und Arten aufgliederten, war die Kohlendioxidkonzentration in der Atmosphäre noch fünfmal so hoch wie heute, und es gab etwas weniger Sauerstoff.

Es ist erstaunlich, dass die Kieselalgen sich über einen so drastischen Klimawechsel hinweg praktisch ungebremst ausbreiten konnten. Auch das Massensterben, dem unter anderem die Dinosaurier zum Opfer fielen, konnte ihren Siegeszug nicht aufhalten. Besonders profitierten sie offenbar von der Trennung der Kontinente Antarktika und Südamerika vor rund 40 Millionen Jahren, als zwischen diesen beiden Kontinenten die heutige Drakestraße entstand. Das kalte, turbulente Wasser, das seitdem die Antarktis umkreist, bot ihnen einen idealen Lebensraum.

Als sie dickere und schwerere Schalen entwickelten, wurde es wahrscheinlicher, dass tote Diatomeen zum Meeresboden sinken, und damit ihren Kohlenstoff auf längere Dauer aus dem Verkehr ziehen würden. Man glaubt heute, dass diese Entwicklung einen wesentlichen Beitrag dazu leistete, dass der Kohlendioxidgehalt der Atmosphäre bis auf rund 200 ppm abgesenkt wurde. Bis dann wir Menschen daherkamen und anfingen, die Arbeit der Diatomeen wieder rückgängig zu machen.

Von der Erkenntnis, dass Kieselalgen den Kohlendioxidgehalt der Atmosphäre verringert haben, ist es nur ein Schritt zu der Idee, dass man sie vielleicht ermuntern könnte, auch das von uns im Überschuss emittierte Kohlendioxid zu entsorgen. Der limitierende Nährstoff für Diatomeen ist in vielen Teilen der Ozeane das Eisen. Man könnte also, im Prinzip, die Ozeane mit Eisen düngen, und damit die Produktivität der Kieselalgen ankurbeln.

Diese Art von »Geoengineering« ist unter Umweltschützern umstritten, und es ist außerdem nicht ganz einfach, ein kontrolliertes und abgegrenztes Experiment durchzuführen, um herauszufinden, ob der von der Algenblüte fixierte Kohlenstoff auch tatsächlich längerfristig gebunden bleibt. Alternativ wäre es ja auch denkbar, dass er vom nächsten Fressfeind gleich wieder als Kohlendioxid ausgeatmet wird.

Erste Untersuchungen ergaben keine klare Antwort, doch im Juli 2012 publizierten Viktor Smetacek und Kollegen vom Alfred-Wegener-Institut in Bremerhaven, die bereits 2004 an Bord des Forschungsschiffs Polarstern Eisendüngungsexperimente im Südlichen Ozean ausgeführt hatten, vielversprechende Ergebnisse. Erstmals konnten die Forscher nachweisen, dass mindestens die Hälfte des fixierten Kohlenstoffs mindestens 1000 Meter unter die Meeresoberfläche absinkt. Das bestärkt die Vermutung, dass es unterm Strich tatsächlich einen Netto-Export von Kohlenstoff in Richtung Meeresboden gibt, wo dieser vermutlich (hoffentlich) einige Jahrhunderte gelagert bleibt [105].

Smetacek und viele andere Meeresforscher haben allerdings starke Vorbehalte gegenüber den Plänen einiger Firmen, Eisendüngung kommerziell einzusetzen und daran gekoppelte Emissionsrechte zu verkaufen. Einige Firmen wie etwa Planktos, Climos, und die Ocean Nourishment Corporation haben Pläne für solche kommerzielle Meeresdüngung entwickelt, konnten deren Umsetzung aber bisher nicht finanzieren.

Im Oktober 2012 enthüllte die britische Tageszeitung *The Guardian*, dass der ehemalige Chef der Firma Planktos, Russ George, im August unbemerkt von der Öffentlichkeit und ohne Wissen der Fachwelt eine Eisendüngung im Rekordmaßstab durchführen ließ. Offenbar hatte George die Einwohner einer Pazifik-Insel vor der Küste Kanadas überredet, dass diese Düngung die Lachsbestände in ihrer Meeresregion begünstigen würde. Die Lachsförderung, wenn sie denn funktioniert, würde allerdings in Konkurrenz zur Kohlenstoffabscheidung stehen, denn der Kohlenstoff, den die Lachse fressen, wird über kurz oder lang wieder in der Atmosphäre landen.

Kritiker solcher Düngungsprojekte argumentieren, dass man den Erfolg und die möglichen Nebenwirkungen dieser Aktionen noch gar nicht vorhersagen kann, da man noch nicht einmal im Detail versteht, was genau passiert, wenn eine solche Düngung eine Algenblüte auslöst. Das liegt unter anderem auch daran, dass die Kieselalgen als ungewöhnliche Mischform, die in keine der traditionellen Schubladen der Biologie passt, bisher viel weniger erforscht wurden als zum Beispiel die Modellpflanze *Arabidopsis thaliana* (Ackerschmalwand) oder die Bierhefe (*Saccharomyces cerevisiae*).

Selbst über den Eisen-Stoffwechsel, der ja bei den erwähnten Düngungsexperimenten im Mittelpunkt steht, weiß die Wissenschaft noch lange nicht genug. Das zur Speicherung von Eisen dienende Protein Ferritin findet sich nur bei einer kleinen Gruppe von Pennales [106], doch was die übrigen mit dem Eisen machen, ist weniger klar. Adrian Marchetti, Virginia Armbrust und andere haben vor Kurzem analysiert, welche Gene aktiviert werden, wenn Eisen plötzlich zur Verfügung gestellt wird [107]. Die Forscher fanden, dass hunderte von Genen extrem schnell auf die Verfügbarkeit des Nährstoffs reagieren und diesen mit vielen verschiedenen Stoffwechselprozessen verbinden, von der Photosynthese bis zum Harnstoffzyklus. Diese weitverzweigte und schnelle Genaktivierung ermöglicht es den Kieselalgen, sich nach Aufhebung einer Eisenknappheit so schnell zu vermehren.

Da man im Kleinen den Stoffwechsel und die Reaktion von Kieselalgen auf veränderte Umweltbedingungen noch nicht hinreichend versteht, kann man auch kaum vorhersagen, wie diese in globalem Maßstab zum Beispiel auf Klimaveränderungen oder auf menschliche Versuche, das Klima zu kontrollieren, reagieren werden. Schlimmstenfalls könnte es zu einer positiven Rückkopplung kommen. Wenn etwa größere Diatomeen, die mit ihrer dickeren Schale eher dazu neigen, Kohlenstoff im Meer zu versenken, aufgrund des Klimawandels aussterben oder von kleineren Arten verdrängt werden, könnte die Erderwärmung die Kohlenstoffabscheidung der Diatomeen verringern und unser Klimaproblem verschärfen.

Morphogenese

Vom globalen Treibhaus kommen wir nun zum mikroskopisch kleinen Glasgehäuse – wie und warum Diatomeen sich in einen feinziselierten Glaspanzer hüllen, ist ein weiteres Mysterium. Bei allen Kieselalgen setzt sich das Glasgehäuse aus zwei Hälften zusammen wie eine Petrischale. Das heißt, der etwas weitere Deckel (Epitheca) umschließt den Rand des Bodens (Hypotheca).

Von diesem Bauprinzip abgesehen gibt es allerdings bei verschiedenen Arten die unterschiedlichsten Symmetrien im Grundriss, sowie verschiedenste Muster bei der Anordnung der Gerüstelemente bzw. der Poren zwischen diesen. Da diese Formen und Muster jeweils erblich sind, vermutet man schon seit Langem, dass es genetisch codierte, auf die Morphogenese spezialisierte Proteinmoleküle geben muss.

Nils Kröger, der Anfang 2012 einen Lehrstuhl an der Technischen Universität Dresden übernahm und dort an dem neu eingerichteten Forschungszentrum B-CUBE tätig ist, sucht seit mehr als 20 Jahren nach solchen Morphogenesemolekülen, nämlich seit er seine Diplomarbeit bei Manfred Sumper an der Universität Regensburg begann. Zunächst fand er in den Glasschalen der Diatomeen gar keine Biomoleküle, und deshalb musste er zu immer drastischeren Methoden greifen.

Auflösung des Glasgehäuses mit wasserfreiem Fluorwasserstoff – nicht gerade eine alltägliche Chemikalie im biochemischen Labor – brachte den ersten Erfolg: eine Gruppe von Proteinen, die wegen ihrer ausgeprägten Affinität zu Siliciumverbindungen als Silaffine bezeichnet werden [108]. Nach Überwindung einiger weiterer Hindernisse stellte es sich heraus, dass die Aminosäuresequenz dieser Silaffine selbst eher nebensächlich ist. Sie dienen als Träger für Phosphatreste und ungewöhnliche biologische Amine, und diese hinwiederum sind die eigentlichen Katalysatoren für die feinkörnige Ausfällung von Siliciumdioxid aus gelöster Kieselsäure. Unter bestimmten Bedingungen können diese Amine sogar ohne den Proteinanteil auskommen [109].

Diese Befunde erhellen zwar die Physiologie der Abscheidung von Siliciumdioxid in der Zellwand der Kieselalgen, aber sie erklären noch nicht die Bildung bestimmter Muster und Strukturen. Erst im Februar 2011 konnte Krögers Arbeitsgruppe – damals noch am Georgia Institute of Technology in Atlanta – Proteine identifizieren, welche die Strukturmuster der Schalen vorzugeben scheinen.

Seine Mitarbeiter hatten in dem inzwischen publizierten Genom der Kieselalge *Thalassiosira* nach Genen gesucht, die eine Ähnlichkeit mit den bekannten Silaffinen aufweisen. Von 86 Kandidatengenen suchten die Forscher sechs aussichtsreiche aus und verknüpften diese mit dem Gen des Fluoreszenzmarkers GFP. Das grüne Leuchten zeigte an, dass diese Proteine im Gürtelband der Kieselalge zum Einsatz kommen. Nach dem Fachbegriff Cingulum für das Gürtelband wurden die neuen Proteine Cinguline genannt.

Im Gegensatz dazu werden alle bisher bekannten Silaffine in der Boden- und Deckelplatte eingebaut. Diese wurden einfach deshalb zuerst entdeckt, da die Cinguline bei der ursprünglichen Präparationsmethode als unlöslicher Rückstand zurückblieben.

Nach Abbau des Siliciumdioxids mit Ammoniumfluorid und enzymatischem Verdau des Gerüstproteins Chitin, das auch im Gürtelband enthalten ist, fand Krögers Arbeitsgruppe heraus, dass die Cinguline Bestandteile von mikroskopischen Ringen sind, deren Muster der Struktur der porenfreien Regionen des Gürtelbands ähnelt [110].

Die naheliegende Hypothese wäre nun, dass die Selbstorganisation dieser Proteine diese Porenstruktur vorgibt. Ganz so einfach ist es allerdings nicht, denn wenn man diese Ringe im Reagenzglas mit Kieselsäure umsetzt, bilden sich nicht die Poren des biologischen Gürtelbandes. Man muss also annehmen, dass auch andere Biomoleküle dabei eine Rolle spielen. Krögers Kollegen in Dresden, Eike Brunner und Karl-Heinz van Pée, interessieren sich zum Beispiel für eine Gruppe von stark sauren Proteinen, die Silacidine [111]. Es könnten aber auch wiederum Polyamine an der Strukturbildung beteiligt sein.

Anwendungen

Die ungewöhnlichen Materialeigenschaften der Kieselalgen-Schalen haben nicht nur Alfred Nobel zu praktischen Anwendungen inspiriert. So findet man Kieselgur heute zum Beispiel auch in Zahnpasta als Abriebmittel.

Etwas subtilere Anwendungsarten ergaben sich mit dem Aufkommen der Nanotechnologie und dem Interesse an Strukturen im Nanometermaßstab. So fein ziselierte Strukturen wie die der Diatomeen kann man selbst heute noch mit technischen Methoden schwer herstellen, und schon gar nicht in wässriger Lösung bei niedrigen Temperaturen, wie die Kieselalgen das tun.

Solange die Einzelheiten der Morphogenese im Verborgenen bleiben, können wir diesen Prozess auch nicht nachahmen. Wenn man also etwas in dieser Art braucht, so ist es womöglich am einfachsten, von Diatomeen auszugehen und deren Glasgehäuse mit dem gewünschten Material zu beschichten, was der Arbeitsgruppe von Chad Mirkin an der Northwestern University in Evanston, Illinois, bereits im Jahre 2004 gelang.

Einen Schritt weiter ging die Arbeitsgruppe von Ken Sandhage am Georgia Institute of Technology, die das nanostrukturierte Glas nicht beschichtete, sondern durch chemische Reaktionen veränderte und letztendlich ersetzte. Durch Umsetzung mit Magnesiumgas konnte Sandhages Gruppe bereits 2002 Siliziumdioxid durch Magnesiumoxid ersetzen, wobei die Struktur komplett erhalten blieb. Seitdem hat Sandhage ein breites Repertoire von nahezu alchimistisch anmutenden Umwandlungen entwickelt, mit denen das Glas in TiO_2, ZrO_2, SnO_2, MgO, Fe_3O_4, $BaTiO_3$, Eu-dotiertes $BaTiO_3$, Zn_2SiO_4, Mn-dotiertes Zn_2SiO_4, BN, Si, Ag, Au, Pd, Pt oder Epoxidharz »verwandelt« werden kann. In feinstrukturiertem Zustand können diese Materialien etwa der Katalyse, der Adsorption, oder als Sensoren dienen [112].

Die Arbeitsgruppe von Gregory Rorrer an der Oregon State University in Corvallis benutzt hingegen die Silica-Schale direkt als Biosensor, wobei man sich die Photolumineszenz des Siliciumdioxids zunutze macht. Der Leuchteffekt wird verstärkt, wenn ein elektronenreicher Ligand an die Schale bindet. Deshalb können Diatomeenschalen zum Beispiel die molekulare Erkennung zwischen Antikörper und Antigen in ein Leuchtsignal umwandeln [113]. Weiter verstärken kann man den Effekt, wenn man die Kieselalgen mit Germanium füttert, das als Spurenelement in die Glashülle eingebaut wird [114]. Auch Titan lässt sich einschmuggeln – die entstehenden Materialien sind womöglich für Grätzel-Zellen (Farbstoff-Solarzellen) geeignet.

Doch auch in der Beschichtung von Nanostrukturen stecken noch weitere Möglichkeiten. Ken Sandhages Gruppe hat vor Kurzem nanokristalline Metallschichten auf Diatomeenschalen aufgebracht und das Glas anschließend aufgelöst. Diese Strukturen wiesen ungewöhnliche optische Eigenschaften auf. So konnte zum Beispiel Infrarot-Licht einer bestimmten Wellenlänge durch die Poren passieren, obwohl diese kleiner waren als die Wellenlänge des Lichts [115]. Auch die Arbeitsgruppe von Eike Brunner in Dresden beschichtet Diatomeenschalen mit Metallen oder Cadmiumtellurid-Nanopartikeln – in der Hoffnung, ein geeignetes Material zur Verbesserung der Empfindlichkeit der oberflächenverstärkten Ramanspektroskopie zu finden.

Lästige und nützliche Kieselalgen

Nicht alle Aktivitäten der Kieselalgen finden allerdings den Beifall der Menschen, die sich mit ihnen beschäftigen. Diatomeen sind zum Beispiel maßgeblich an der Bildung von Biofilmen auf Schiffsrümpfen beteiligt, die zu erheblichem Reibungsverlust und damit zu unnötigem Mehrverbrauch an Treibstoff führen. Sie sind dabei oft die ersten Organismen, die auf der glatten, sorgfältig lackierten Außenhaut eines Schiffs Halt finden. Haben sie erst einmal ein biologisches Fundament geschaffen, dann folgen andere Algen, Bakterien, und selbst Seepocken. Die bisher einzige Substanz, die gegen die Schleimschicht hilft, ist Tributylzinn – und dessen Einsatz wurde in den 1980er-Jahren aus Umweltschutzgründen verboten.

Deshalb ist die Erforschung der Klebemechanismen von Diatomeen von enormer wirtschaftlicher Bedeutung. Bei der horizontalen Fortbewegung auf Oberflächen scheiden Diatomeen aus ihrer Raphe eine klebrige Substanz aus, die dann den anderen Organismen das Festhalten an der Oberfläche erleichtert. Nicole Poulsen in Dresden und Jim Callow in Birmingham gehören zu den wenigen, die sich mit diesem biologischen Klebstoff befassen, aber bisher weiß man noch nicht genug darüber, um Schiffe gegen das lästige Phänomen immun zu machen.

Ein weiteres Gebiet, auf dem Kieselalgen in Zukunft ein Wirtschaftsfaktor werden könnten, ist Biokraftstoff. Verschiedene Arten von Algen gelten als Kandidaten für die biotechnologische Treibstoffproduktion. Diatomeen wären allerdings nicht unbedingt die erste Gruppe, die man dafür ins Auge fassen würde, da ihr Bedarf an Siliciumverbindungen die Sache kompliziert und teuer macht.

Allerdings können manche Arten von Diatomeen, darunter *Phaeodactylum tricornutum*, ohne Silicium auskommen. Die Art kann sich je nach Umweltbedingungen zwischen drei verschiedenen Morphotypen entscheiden, von denen nur einer Silicium benötigt [116]. Der Stoffwechsel der Alge konzentriert sich auf die Bildung von Polysacchariden und Lipiden, wenn der Stickstoff knapp wird. Die Herausforderung liegt nun darin, Bedingungen zu finden, unter denen die Alge das Polysaccharid anreichert, sich aber immer noch mit wirtschaftlich vertretbarer Geschwindigkeit und Ausbeute vermehrt.

Hier wie auch in einigen anderen der angesprochenen Bereiche ist das bisher unzureichende Verständnis des Stoffwechsels von Diatomeen ein Hindernis. Sollte dies aber überwunden werden, so können die faszinierenden Einzeller in Zukunft wichtige Beiträge zu einer ganzen Reihe von Bereichen, vom Klimaschutz bis hin zur Nanotechnologie, leisten.

25
Spannungsgeladene Mikrobenaktivität am Meeresboden

Elementarer Schwefel in einer Schlüsselrolle beim Abbau von Methan und bakterielle Filamente als Elektronenleiter zwischen den Hälften einer Redoxreaktion: diese beiden überraschenden Entdeckungen vom Meeresboden zeigen wieder einmal, dass wir über die Welt unter den Ozeanen noch viel zu wenig wissen.

Als der Filmregisseur und -produzent James Cameron im März 2012 als dritter Mensch (und als erster seit 1960) den Boden des Marianengrabens besuchte, warf dies einmal mehr ein Schlaglicht darauf, dass wir viel zu wenig darüber wissen, was auf jenen 72 % der Erdoberfläche vorgeht, die von Ozeanen bedeckt sind.

Wir wissen immerhin, dass es dort – entgegen den noch im 19. Jahrhundert gängigen Vorstellungen, die Sie zum Beispiel bei Jules Verne nachlesen können – bis in die tiefsten Abgründe hinein und auch im Sediment selbst noch Leben gibt. Zwar dringt kein Sonnenlicht in jene Tiefen vor, und die Versorgung mit herabrieselnden organischen Nährstoffen ist auch nicht großzügig bemessen, aber chemisch versierte Mikroben können Redoxreaktionen zwischen reduzierten Verbindungen aus der Erdkruste (Sulfide, Methan) und Oxidationsmitteln aus dem Meerwasser (Sauerstoff, Sulfat) zur Energiegewinnung nutzen. Unter geeigneten Bedingungen, etwa in der Umgebung von Hydrothermalschloten, kann die Chemosynthese ganze Ökosysteme ernähren. Zwei gegen Ende 2012 erschienene Publikationen weisen völlig neue Aspekte der Redoxchemie am Meeresboden auf, die auch für das Klimageschehen und damit für uns Landratten relevant sind.

Invasion der Waschbären Erste Auflage. Michael Groß.
© 2014 WILEY-VCH Verlag GmbH & Co. KGaA.

Archäen als Klimaretter

Sedimente am Meeresboden enthalten gewaltige Mengen Methangas. Würde dieses einfach austreten, dann könnte es eine katastrophale Erwärmung auslösen, und es gibt Hinweise darauf, dass dieser Fall in der wechselhaften Geschichte des Erdklimas durchaus schon vorkam.

Unsere Schutzengel, die eine solche Klimakatastrophe zumindest in den letzten 35 Millionen Jahren verhindert haben, sind Mikrobengemeinschaften, die das Methan in den oberen Schichten der Sedimente oxidieren und verstoffwechseln. Der überwiegende Anteil des Methans wird dabei auf anaerobe Weise abgebaut, also in Abwesenheit von Sauerstoff. Die anaerobe Oxidation von Methan wird im Fachjargon auch als AOM abgekürzt.

Bisher glaubte man, dass für diesen Prozess immer eine Mikrobengemeinschaft erforderlich ist, die sowohl Methan oxidierende Archäen als auch Sulfat reduzierende Bakterien enthält. Dies folgerte man daraus, dass Mikroorganismen beider Sorten gewöhnlich gemeinsam auftraten und sich mit gleicher Geschwindigkeit vermehrten. Auch fehlten den Methan oxidierenden Archäen die Enzyme, die man normalerweise mit Sulfatreduktion in Verbindung bringt.

Jana Milucka und Kollegen vom Max-Planck-Institut für Marine Mikrobiologie in Bremen konnten allerdings nachweisen, dass die Archäen die Redox-Chemie der AOM auch ganz alleine meistern können [117]. Die Bremer ForscherInnen hatten Sedimentproben von dem Schlammvulkan Isis, der im Mittelmeer vor der Küste Ägyptens liegt, acht Jahre lang im Labor kultiviert, um die für AOM zuständige Mikrobengemeinschaft möglichst rein zu erhalten.

Mit Isotopenmarkierung und Untersuchungen an einzelnen Zellen fanden sie heraus, dass die Archäen aus der großen Gruppe ANME-2 auch ohne die bakteriellen Partner Methan oxidieren können. Sie gleichen das Redoxpotenzial aus, indem sie Schwefel aus Sulfationen (+6) auf die Oxidationsstufe Null reduzieren, die dann in Form von Di- und Polysulfiden sowie als elementarer Schwefel anfällt. Diese Entdeckung einer völlig neuen Stoffwechselreaktion beantwortet auch die seit Jahrzehnten ungeklärte Frage nach der Herkunft des elementaren Schwefels in solchen anaeroben Sedimenten.

Eine zweite überraschende Entdeckung machten Milucka et al., als sie sich die Rolle der Bakterien näher ansahen. Diese verarbeiten

nämlich den Schwefel der Oxidationsstufe null, indem sie ihn dispro-
portionieren. Sie produzieren also Sulfat, das die Archäen ihrerseits
wieder reduzieren, und die stöchiometrisch entsprechende Menge an
Sulfid.

Diese exotisch anmutende Redoxchemie ist vermutlich keine Sel-
tenheit. Ähnliche anaerobe Sedimente finden sich vielerorts am Meeresboden, und AOM setzt 90 % des austretenden Methans um. Man
schätzt, dass sich das Phänomen auf 300 Millionen Tonnen Methan
pro Jahr beläuft. Die Bedeutung dieses mikrobiellen Klimaschutzes
ist also enorm, insbesondere in unserer Zeit, da wir mit der rasan-
ten Zunahme von anthropogenen Treibhausgasen zu kämpfen haben
und Verstärkungseffekte aus geobiologischen Systemen befürchten
müssen.

Bakterien auf Draht

Eine ähnlich überraschende Entdeckung machten auch die Arbeits-
gruppen von Nils Risgaard-Petersen und Lars Peter Nielsen von der
Universität Aarhus in Dänemark, als sie Sedimente aus der Bucht von
Aarhus im Labor kultivierten [118].

Auch die Dänen interessierten sich für Redoxreaktionen, und zwar
ganz spezifisch dafür, wie der beobachtete Abstand von ein bis zwei
Zentimetern zwischen der Reduktion des Sauerstoffs an der aeroben
Oberfläche des Sediments und der Oxidation von Sulfiden im anaeroben Inneren des Meeresbodens überbrückt werden kann.

Es gelang ihnen, die charakteristische Schichtstruktur durch Inku-
bation von Sedimentproben im Labor zu reproduzieren. Als sie dann
eine Probe das Materials, das diese mysteriöse Fernwirkung aufwies,
reinigten, fanden sie Bakterien-Filamente von bis zu 1,5 Zentimetern
Länge. Es handelte sich um eine bisher unbekannte Art aus der Familie der Desulfobulbaceae in der Klasse der Deltaproteobacteria.

Die Forscher vermuteten, dass der Ladungstransport zwischen den
beiden Hälften der Redoxreaktion durch diese mikrobiellen Fasern
vermittelt wurde, und konnten diese Hypothese mit verschiedenen
Experimenten erhärten. Wenn sie zum Beispiel mit einem dünnen
Draht einen horizontalen Schnitt durch die Sedimentprobe ausführ-
ten, dann kam der Ladungsaustransport für längere Zeit zum Erlie-
gen. Auch Experimente mit Filtern verschiedener Porengröße zeig-

ten, dass die Ladungsträger die Größe der Filamente aufwiesen und nicht etwa die gelöster Ionen.

Detaillierte Strukturuntersuchungen zeigten, dass die Bakterienzellen eines solchen Filaments sich die äußere Membran teilen. Durch Elektronenmikroskopie an Querschnitten durch die Fasern fanden die Forscher, dass sich zwischen der gemeinsamen Außenmembran und der inneren Membran des einzelnen Bakteriums jeweils 15 oder 17 Kanäle mit einem Durchmesser von 70 bis 100 Nanometern befanden.

Die Autoren stellten die Hypothese auf, dass diese Kanäle die elektrischen Leiter sind, die den Elektronentransport zwischen den chemisch unterschiedlichen Schichten des Sediments vermitteln. Konkret stellten sie sich das so vor, dass dasselbe Bakterienfilament am unteren (anaeroben) Ende Sulfide oxidiert, die frei werdenden Elektronen dann durch die Kanäle zum oberen (aeroben) Ende transportieren, wo sie den Sauerstoff reduzieren. Der Ladungsausgleich erfolgt durch Diffusion von Eisenionen, den die Aarhuser Gruppe bereits in vorangegangenen Studien nachgewiesen hatte [119].

Vorstoß ins Unbekannte

Selbst elementare Fragen danach, welche Mikroben in welchen Lebensräumen vorkommen, sind am Meeresboden schwer zu untersuchen und bleiben deswegen weitgehend unbeantwortet. Die Arbeitsgruppen von Steffen Leth Jørgensen vom Zentrum für Geobiologie an der Universität Bergen, Norwegen und Christa Schleper an der Universität Wien haben erstmals eine systematische Zuordnung von Mikrobengemeinschaften zu geologischem Umfeld über zahlreiche Schichten erstellt [120].

Die Forscher wählten einen Standort zwischen der Ostküste Grönlands und Norwegen, wo wechselnde Materiallieferungen von einer Flussmündung und von einem nahegelegenen Feld von Hydrothermalschloten zu einer vielschichtigen Struktur führen.

An zwei verschiedenen Standorten, jeweils 15 Kilometer von den Hydrothermalschloten entfernt, führten die Forscher Bohrungen bis in drei Meter Tiefe durch. In den Bohrkernen konnten sie 15 geologische Schichten definieren und die darin vorkommenden Arten anhand der Gensequenzen der ribosomalen RNA identifizieren.

Welche Arten in einer gegebenen Sedimentschicht angetroffen werden, so die Erkenntnis aus diesen Analysen, hängt vor allem von der Verfügbarkeit von organischem Kohlenstoff und von Mineralien wie Eisen und Mangan ab. Im Gegenzug beeinflussen die Mikroben selbst natürlich auch die chemische Zusammensetzung der Sedimente, etwa das Vorkommen von Sulfaten.

Solche Verallgemeinerungen sind ein wichtiges Hilfsmittel, um Hypothesen über die unermesslichen Weiten des Meeresbodens zu erzeugen, die noch nicht direkt erforscht wurden. Da der Meeresboden eine Schlüsselposition in der globalen Redoxchemie unseres Planeten und damit auch für die Zusammensetzung unserer Atmosphäre innehat, ist jeder Einblick, den wir in seine geobiologische Funktion gewinnen können, enorm wichtig.

26
Wie das Krokodil seine Zähne bekam

Da Zähne vielfältige, genetisch determinierte Formen bilden und sich *post mortem* gut erhalten, sind sie ideal geeignet für die Untersuchung von Entwicklung und Evolution. Diese Forschung ist noch lange nicht abgeschlossen und könnte eines Tages sogar die Zahnmedizin revolutionieren.

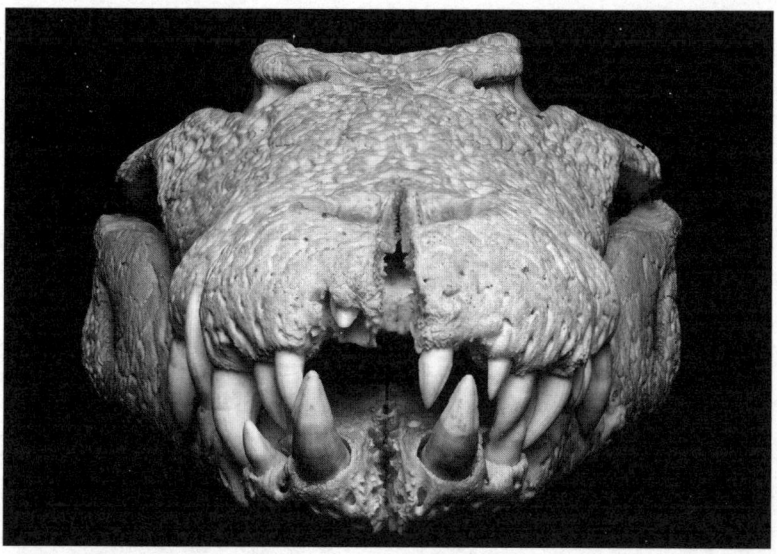

Gebiss eines Krokodils (*Crocodylus niloticus*; © 2012 Vincent & Caroline Moncorgé. Mit Erlaubnis.).

Jedes Kind kann Entwicklungsbiologie bei der Arbeit beobachten – anhand seiner Milchzähne, die im Säuglingsalter sprießen, nur um dann im Schulalter von den zweiten Zähnen verdrängt zu werden.

Wenn das Interesse erst einmal geweckt ist, kann jede Schülerin und jeder Schüler die Beobachtung auf andere Tierarten ausweiten und sich die Gebisse von Katzen, Hunden, Hasen und Kühen anschauen. Auch für das Wirken der Evolution stellen Zähne ein gut sichtbares, leicht untersuchbares Musterbeispiel dar.

Nicht nur an lebenden Tieren und Menschen kann man die Zähne untersuchen – auch bei den sterblichen Überresten von urzeitlichen Menschen oder Neandertalern und bei Fossilien von Tierarten vergangener geologischer Epochen liefern Zähne oft wichtige Informationen über Verwandtschaft und Lebensgewohnheiten der Arten. Auch davon kann sich jeder in Naturkundemuseen ein Bild machen.

Umso erstaunlicher ist es, dass die Evolution und Entwicklung der Zähne im Tierreich ein relativ marginales Forschungsgebiet ist, wo es noch große Wissenslücken gibt – von der Entstehung der allerersten Zähne der Evolutionsgeschichte bis hin zu den genetischen Programmen, die zum Beispiel das Ausfallen und Nachwachsen von Zähnen bestimmen.

Erste Kiefer, erste Zähne

Die Evolutionsgeschichte der Zähne fängt im Silur an, also vor mehr als 400 Millionen Jahren. Alle Tiere lebten im Wasser, unsere vierbeinigen Vorfahren waren noch nicht in Erscheinung getreten. Unter den fischähnlichen Lebewesen jener Zeit entwickelten sich Kiefermäuler (Gnathostomata), die ersten Wirbeltiere mit Kieferknochen.

Zu den Kiefermäulern gehörte eine inzwischen ausgestorbene Klasse von Knochenfischen, die Plattenhäuter (Placodermi), die in der Evolution der Zähne eine wichtige Rolle spielen. Bisher gab es widersprüchliche Aussagen dazu, ob die Placodermi überhaupt Zähne besaßen, und wenn ja, ob diese Zähne die Vorläufer anderer Wirbeltierzähne waren oder eine parallele Erfindung. Im letzten Fall würde man von konvergenter Evolution sprechen, was bedeutet, dass verschiedene Arten mit ähnlichen Problemen unabhängig voneinander ähnliche Lösungen finden.

Martin Rücklin von der Universität Bristol und Kollegen haben nun mit Synchrotronstrahlung röntgentomografische Aufnahmen von Fossilien des Plattenhäuters *Compagopiscis croucheri* erstellt und die Entwicklung der Kieferstrukturen genauestens untersucht. Sie kommen zu dem Schluss, dass dieser wirklich Zähne besaß, die sich ähnlich entwickelten wie spätere Wirbeltierzähne, und die vermutlich als Urahnen der Wirbeltierzähne gelten müssen [121]. Die im Kiefer angelegten Zahnknospen bestehen aus Dentin und entwickeln sich genau so, wie man das für einen Wirbeltierzahn erwartet.

Anders als unsere Milchzähne und viele andere Zähne im Tierreich scheinen die Beißerchen der Plattenhäuter allerdings nach Abschluss der Entwicklung statisch geblieben zu sein, das heißt sie konnten weder nachwachsen noch ersetzt werden. Diese und andere »Funktionsmodule«, so schlussfolgern Rücklin und Kollegen, hat die Evolution erst später nach Bedarf dem Entwicklungsprogramm der Zähne hinzugefügt.

Zähne im Hals

Auch von heute lebenden Fischarten wie etwa dem Goldfisch im Gartenteich kann man noch einiges über Zahnentwicklung lernen, selbst wenn deren Zähne nicht auf den ersten Blick sichtbar sind. Die Cypriniformes (die Ordnung, zu der sowohl der Goldfisch als auch der als Modellsystem beliebte Zebrabärbling gehören) haben Zähne im Rachen, sie kauen sozusagen beim Schlucken.

Die Arbeitsgruppe von Laurent Viriot am Institut de Génétique Fonctionelle de Lyon (IGFL) untersucht diese Rachenzähne, um herauszufinden, ob ihre Form sich ebenso an die Ernährungsgewohnheiten anpasst wie die Zähne, die andere Wirbeltiere, etwa die viel umfassender untersuchten Nagetiere, im Gebiss tragen. Interessante (aber bisher unveröffentlichte) Unterschiede fanden die Forscher bei dem kleinsten Vertreter dieser Gruppe, *Paedocypris progenetica*. Dieses Fischlein, das höchstens zehn Millimeter lang wird, hielt eine Zeit lang den Weltrekord als kleinstes bekanntes Wirbeltier.

Zu derselben Gruppe gehört auch der als genetisches Modellsystem etablierte Zebrabärbling. Vincent Laude, der Direktor des IGFL, hat mit seiner Arbeitsgruppe die genetische Regulierung der Entwicklung der Rachenzähne im Zebrabärbling näher untersucht und gefunden, dass die mit Vitamin A verwandte Verbindung Retinsäure eine Schlüsselrolle spielt. Dieser Botenstoff wird von dem Cytochrom-

P450-Enzym Cyp26 abgebaut, man kann also seine Konzentration über die Regulierung dieses Enzyms steuern [122].

Auf diese Weise konnten die Forscher die Entwicklung der Zähne in der Embryonalentwicklung des Zebrabärblings zu bestimmten Zeiten und an bestimmten Orten an- und ausschalten und die zugrunde liegenden Ursache-Wirkungs-Beziehungen genauestens untersuchen. Sie fanden unter anderem, dass die Bildung eines sogenannten Initiator-Zahns eine notwendige Voraussetzung für die Entstehung einer Zahnreihe ist. Dieser Initiator-Zahn wird seinerseits von nachfolgenden Zähnen verdrängt, bevor der Fisch aus dem Ei schlüpft. Er kommt also niemals mit Nahrung in Berührung und dient ausschließlich der Regulierung der Entwicklung.

Vögel und Reptilien

Gar keine Zähne, nicht einmal versteckte, haben die heutigen Vögel. Das ist bemerkenswert, da sie mit den nicht gerade unter Zahnlosigkeit leidenden Dinosauriern verwandt sind. Den Vögeln ist die Gen-Kaskade, die zur Entwicklung von Zähnen benötigt wird, abhanden gekommen. Wenn Vögel dennoch einmal Zähne zu besitzen scheinen, dann handelt es sich lediglich um Knochen-Auswüchse. Echte Zähne haben hingegen entwicklungsbiologisch mit Knochen nichts zu tun, sie stammen von der äußersten Zellschicht des Embryos ab, ebenso wie zum Beispiel die Haut.

Bei den vierbeinigen Landwirbeltieren hingegen, von den Dinosauriern bis zu den Säugern, gewannen die Zähne zunehmend an Bedeutung. Neue Formen konnten ganzen Tiergattungen zum Erfolg verhelfen. So vermutet man zum Beispiel, das der globale Siegeszug der Unterfamilie der Altweltmäuse (Murinae) auf Kosten der Hamster-Familie auf verbesserte Zähne zurückzuführen ist.

Eine bemerkenswerte und bereits umfassend erforschte Besonderheit der Nagetiere ist das kontinuierliche Nachwachsen der Nagezähne. Dies ist entwicklungsbiologisch eine Alternative zu dem Mechanismus des Ersetzens, den man heute vor allem bei Reptilien findet, und von dem uns Menschen mit dem Übergang von Milchzähnen zu bleibenden Zähnen ein Relikt erhalten geblieben ist. Erst vor einigen Jahren konnte die Arbeitsgruppe von Vincent Laudet am IGFL nachweisen, dass dieses kontinuierliche Nachwachsen dieselben regulatorischen Mechanismen benutzt wie die ältere Methode des Ersatzes [123].

Der Ersatz von Zähnen durch eine Nachfolgegeneration erfolgt in 99 % der Fälle vertikal, wie bei unseren Milchzähnen. Kängurus und Seekühe hingegen haben eine alternative Methode gefunden. Bei ihnen wachsen die neuen Zähne am hinteren Ende des Kiefers nach und wandern mit der Zeit nach vorne. Auch von diesem Mechanismus haben wir – obwohl wir nicht gerade sehr eng mit diesen Tieren verwandt sind – ein rudimentäres Überbleibsel in unseren Mündern: die Weisheitszähne.

Bei einer dritten Gruppe von Tieren wurde dieser horizontale Zahnersatz erst vor Kurzem beschrieben. Das afrikanische Nagetier *Heliophobius argenteocinereus* benutzt seine Zähne zum Wühlen und leidet deshalb unter erheblichem Verschleiß. Neue Zähne werden kontinuierlich vom hinteren Ende des Kiefers nachgeliefert. Sie brechen durch und reifen zu ihrer endgültigen Form heran, während sie nach vorne wandern, wo sie dann die verschlissenen Zähne ersetzen. Wie die Arbeitsgruppe von Laurent Viriot, einem weiteren Forscher am IGFL, herausfand, ist dieser Mechanismus aus einzelnen Komponenten zusammengesetzt, die sich einzeln und abgeschwächt auch anderswo finden, darunter die Wanderungsfähigkeit der Zähne, sowie das späte Erscheinen zusätzlicher Backenzähne (wie bei unseren Weisheitszähnen) [124]. Bemerkenswerterweise sind diese Voraussetzungen beim menschlichen Gebiss besser erfüllt als bei der Maus, die sonst meist als Modellsystem für solche Studien dient.

Nachwachsendes Gebiss

Weitere Untersuchungen dieser noch zu wenig verstandenen und oft verblüffenden Phänomene versprechen tiefere Einblicke in die Wechselwirkungen zwischen Umwelt (z. B. Ernährung), Evolution, Genetik, und Entwicklung.

Darüber hinaus könnte sich aber auch ein heute noch futuristisch wirkender Nutzen ergeben. Wenn wir eines Tages genau verstehen, wie die Entwicklung eines Zahns gesteuert wird, könnte man Zahnverlust, ja sogar Zahnschäden durch Stimulieren des natürlichen Nachwachsens kurieren. Reptilien können ihre Zähne mehrmals ersetzen. Obwohl bei uns diese Fähigkeit auf eine vertikale Nachlieferung (und die horizontale Ergänzung der Weisheitszähne) beschränkt ist, könnte man diese Beschränkung vermutlich aufheben, wenn man nur die dahinter verborgenen genetischen Mechanismen besser verstünde.

27
Wir sind das schwarze Schaf im Reich der Fische

Die Wirbeltiere lebten zunächst alle im Wasser, lange bevor das Leben sich auf das Festland ausbreitete. Es ist deshalb nur logisch, dass Fisch-Genome wichtige Anhaltspunkte zum Verständnis der Evolution und Embryonalentwicklung der Landwirbeltiere liefern. Besonders aufschlussreich dürften das Genom des relativ nahe mit uns verwandten Quastenflossers, sowie das eines gängigen Modellorganismus, des Zebrabärblings, werden.

Rund drei Milliarden Jahre lang entwickelte sich das Leben auf der Erde ausschließlich im Wasser. Die Landoberfläche blieb für sechs Siebtel der bisherigen Erdgeschichte unbelebt. Das lag unter anderem daran, dass die Erde ursprünglich keinen Sauerstoff in ihrer Atmosphäre und somit auch keinen Ozonschild besaß, der Landlebewesen vor der harten UV-Strahlung der Sonne hätte schützen können.

Erst nachdem die Atmosphäre – vor allem durch die Photosynthese in den Ozeanen – einen signifikanten Sauerstoffanteil aufgebaut hatte und ein Teil davon sich als Ozon in der Stratosphäre ansammeln konnte, wurde das Festland ein geeigneter Lebensraum.

Sobald das Leben auf dem Land prinzipiell möglich wurde, müssen viele Arten einen Landgang versucht haben, aber natürlich konnten nicht alle sich an das Leben auf dem Trockenen anpassen. Fossilien von Landpflanzen erschienen erstmals vor 450 Millionen Jahren. Es wurde auch vorgeschlagen, dass die vielfältigen Organismen des Ediacarium (vor 635–542 Millionen Jahren) womöglich nicht im Meer, sondern im Boden gelebt haben, doch das bleibt bisher eine gewagte Hypothese.

Die Ausbreitung von Landpflanzen bereitete jedenfalls – im wahrsten Sinn des Wortes – den Boden für den Landgang der Tiere. Gliederfüßler haben den Schritt aufs Trockene offenbar mindestens fünfmal gewagt, das haben Verwandtschaftsuntersuchungen der heute exis-

Invasion der Waschbären Erste Auflage. Michael Groß.
© 2014 WILEY-VCH Verlag GmbH & Co. KGaA.

Zebrabärbling *Danio rerio* (Bild: © 2012 Vincent & Caroline Moncorgé. Mit Erlaubnis.).

tierenden Arten gezeigt. Zum Beispiel lebte der letzte gemeinsame Vorfahre von Insekten und Spinnentieren noch im Wasser, also müssen diese beiden Abstammungslinien unabhängig voneinander das Festland besiedelt haben.

Erst vor rund 380 Millionen Jahren robbten Fische aufs Festland und entwickelten sich zu Vierbeinern (Tetrapoden) und damit zu den Vorfahren der heutigen Säugetiere, Reptilien und Vögel. Aus der Vogelperspektive der Evolutionsforschung kommt es übrigens nicht so genau darauf an, ob ein Tier in dieser Gruppe wirklich vier Beine hat. Auch Schlangen, Vögel und Wale zählen in diesem Sinne zu den Vierbeinern.

Im Jahre 2006 beschrieben Neil Shubin von der Universität von Chicago und andere einen Fossilienfund, der offenbar den Übergang vom Fisch zum Landlebewesen darstellt. Die Versteinerungen, die Shubins Gruppe auf der Insel Ellesmere in Kanada gefunden hatte, zeigen zwar einen Fisch, doch seine vorderen Gliedmaße entsprechen denen heutiger Vierbeiner. Das Tier, das Shubin Tiktaalik taufte, war offenbar imstande, ans Ufer zu robben und mit seinen Armen Liege-

stütze zu machen. Shubin hat die Entdeckungsgeschichte des Tiktaalik und dessen Bedeutung für die Evolution der Vierbeiner in einem
populärwissenschaftlichen Buch dargelegt [125, 126].

Wie Tiktaalik genetisch einzuordnen ist, lässt sich leider nicht
mehr feststellen, aber bei der genetischen Untersuchung der Aufspal-
tung der Abstammungslinien von Fischen und Vierbeinern hat sich
das Genom des Quastenflossers als nützlich erwiesen – einer Art, die
lange als ausgestorben galt und oft als »lebendes Fossil« bezeichnet
wird, da sie sich seit Jahrmillionen äußerlich kaum verändert hat.

Der Quastenflosser (*Latimeria chalumniae*) ist ein berühmtes Beispiel für die Unvollkommenheit der modernen Wissenschaft. Die Art
war aus Fossilien bekannt und es galt als sicher, dass sie seit rund
70 Millionen Jahren ausgestorben ist. Dann, im Jahre 1938, wurde
die südafrikanische Museumsangestellte Marjorie Courtenay-Latimer
zum nahegelegenen Hafen gerufen – ein Fischer hatte einen ungewöhnlichen Fisch an Land gebracht und wusste, dass sie sich für solche Dinge interessierte. Es war das »lebende Fossil«, der Quastenflosser.

Fünfzehn Jahre vergingen, bevor ein zweites Exemplar gefunden
wurde, und erst 1997 wurde eine zweite Art der Gattung *Latimeria*
beschrieben, die indonesische Variante *Latimeria menadoensis*.

Da die heutigen Quastenflosser noch genauso aussehen wie ihre
versteinerten Vorfahren aus der Zeit der Dinosaurier, stellt sich die
Frage, ob sie wirklich langsamer evolvieren als andere Tierarten. Außerdem ist der Quastenflosser von besonderem Interesse, weil seine Flossen den Gliedmaßen der Vierbeiner mehr ähneln als die der
meisten anderen Fischarten. Das legt die Vermutung nahe, dass er
nahe mit unserem Fisch-Vorfahren verwandt ist, der den Landgang
schaffte.

Deshalb hat ein internationales Konsortium von mehr als 90 ForscherInnen an 40 Institutionen unter Leitung von Chris Amemiya
an der University of Washington in Seattle die Genomsequenz des
südafrikanischen Quastenflossers entschlüsselt, die im Frühjahr 2013
publiziert wurde [127].

Auf Äußerlichkeiten kann man sich in der Evolutionsforschung
nicht unbedingt verlassen, aber der Genomvergleich bestätigte, dass
der Quastenflosser tatsächlich etwas langsamer evolvierte als die mit
ihm nahe verwandten Lungenfische und deutlich langsamer als wir
Säugetiere. Eingehendere Untersuchungen zeigten, dass dies nicht

an allgemeiner Trägheit seines Genoms liegt – zum Beispiel gibt es darin in etwa ebenso viele bewegliche Elemente wie in anderen, vergleichbar großen Genomen. Denkbar wäre allerdings, dass die Verlangsamung der Evolution einfach an der Eintönigkeit und Konstanz seines Habitats in großer Tiefe und am Ausbleiben dramatischer Überlebenskämpfe mit Fressfeinden liegt.

Was nun unsere Verwandtschaftsbeziehungen zum Quastenflosser betrifft, so zeigen die Genomdaten, dass er uns nicht ganz so nahe steht wie die Lungenfische (Unterklasse Dipnoi), aber näher als alle anderen Fische, er ist somit unser zweitnächster Verwandter im Reich der Fische.

Lungenfische zeichnen sich durch ein extrem vergrößertes Genom aus, das 50 bis 100 Milliarden Basenpaare enthält (das menschliche hat rund drei Milliarden, das des Quastenflossers 2,86), sowie ungewöhnlich viele bewegliche Elemente [128]. Deshalb wäre eine vollständige Analyse von Lungenfisch-Genomen derzeit mit zu viel Aufwand verbunden, und die Forschung nimmt mit dem Quastenflosser als unserem nächststehenden sequenzierbaren Fisch-Verwandten vorlieb.

Überraschend, aber doch strikt logisch zu erklären, ist das Verwandtschaftsverhältnis aus der Perspektive des Quastenflossers. Für diesen sind Menschen, Mäuse und Meerschweinchen, deren gemeinsame Abstammungslinie sich erst kurz vor dem Landgang von seiner trennte, deutlich näher verwandt als Karpfen und Goldfisch, und die Trennung von Haien und Rochen liegt nochmals viel weiter zurück. Wenn man die Evolution durch die Glubschaugen eines Quastenflossers betrachtet, dann sind wir Landwirbeltiere einfach das schwarze Schaf der Fischfamilie. Das erklärt, warum die Erforschung von Fisch-Genomen letztendlich auch zu unserem Verständnis der Biologie von Landwirbeltieren beiträgt.

Die naheliegendsten Fragen betreffen den Übergang zum Leben auf dem Trockenen. Ein Vergleich des Genoms von *Latimeria chalumniae* mit anderen bereits bekannten Genomen erbrachte eine Liste von etwa 50 Genen, die unsere Vorfahren sozusagen im Wasser zurückgelassen haben. Funktionsstudien beim Zebrabärbling haben gezeigt, dass diese vielen verschiedenen Aufgabengebieten zuzuordnen sind, oft aber mit der Entwicklung von Organen in Verbindung stehen, die unter Wasser anders funktionieren als auf dem Trockenen, etwa den Augen, Ohren, Flossen und der Haut. Andererseits haben die Homöobox-Gene, die für die Entwicklung des Körperbaus von Wirbeltieren verantwortlich sind, den Landgang mit relativ geringen Änderungen absolviert.

Zunehmend größere Bedeutung messen Genomforscher den Abschnitten des Genoms bei, die nicht für Proteine oder stabile RNA codieren. Betrachtete man dieses Material früher als von der Evolution zurückgelassenen Müll, so findet man heute immer mehr regulatorische Funktionen in kleinen RNA-Molekülen, die sich von diesem vermeintlichen Müll zwischen den Protein-Genen ableiten. Vergleiche zwischen Landwirbeltieren und Quastenflossern erbrachten 44 000 solcher Sequenzen, die man bei den meisten Landwirbeltieren findet, beim Quastenflosser hingegen nicht. In diesen noch wenig untersuchten Sequenzen könnten sich also wichtige Anhaltspunkte zur Anpassung der Wirbeltiere an das Leben auf dem Trockenen finden.

Umgekehrt gelang es den Forschern auch, für einige vorab identifizierte Probleme bei der Umstellung die Lösung im Genomvergleich zu finden. Ein solches Problem ist zum Beispiel die Entsorgung von Stickstoffverbindungen. Wasserlebewesen können einfach Ammoniak ausscheiden, dieser wird vom wässrigen Milieu rasch verdünnt und neutralisiert, bevor seine Giftigkeit zum Problem werden kann. Amphibien haben ersatzweise die Ausscheidung von Stickstoff als Harnstoff entwickelt. Das Quastenflosser-Genom-Konsortium untersuchte die Veränderungen des für diese Umstellung verantwortlichen Enzyms im Harnstoff-Zyklus und fand, dass es beim Landgang besonderem Selektionsdruck unterworfen war.

Besonders wichtig war natürlich auch die bei Tiktaalik bereits im Ansatz zu erkennende Anpassung der Gliedmaßen an das Leben auf dem Festland. Die Genomforscher fanden einen regulatorischen DNA-Abschnitt, den der Quastenflosser mit Vierbeinern gemeinsam hat, aber nicht mit Strahlenflossern wie dem Zebrabärbling. Experimente mit Mäusen haben gezeigt, dass die Quastenflosser-Version dieser Sequenz die Aktivität von Genen in der Entwicklung von Gliedmaßen unterstützen kann. Dieser Genschalter war offenbar schon beim Quastenflosser an der Entwicklung der Flossen beteiligt und behielt dann seine Aufgabe, als aus den Flossen Beine wurden.

Und warum sollten Fische sich über viele Generationen hinweg langsam und mühselig an das Leben auf dem Trockenen anpassen? Shubin schlägt als wichtigste Motivation die Angst vor dem Gefressenwerden vor. In dicht bevölkerten Gewässern, wo jeder Fisch von einem größeren Fisch gefressen wird, gab es nur wenige Optionen. Man konnte größer werden, sich mit harten Schalen schützen, oder eben aus dem Wasser entkommen. Auf dem Trockenen gab es ja zu diesem Zeitpunkt noch keine bedrohlichen Raubtiere, dafür aber reichlich pflanzliche Nahrung, und keine Konkurrenten, die einem alles wegfraßen.

Durchblick in der Entwicklungsbiologie

Fischstudien sind nicht nur für die Evolutionsbiologie aufschlussreich, sie können uns auch einiges über die Embryonalentwicklung verraten, ja sogar über die der Vierbeiner. Zu diesem Zweck hat der Zebrabärbling (*Danio rero*, englisch: *zebra fish*) bereits seit vielen Jahren als Modell gedient. Zu seinen Vorzügen gehört, dass man ihn leicht im Labor züchten und handhaben kann, und dass seine Embryonen (Larven) durchsichtig sind, was bei der Untersuchung der Genaktivitäten im Laufe der Entwicklung mithilfe fluoreszierender Genmarker außerordentlich nützlich ist.

Angesichts der bedeutenden Rolle, die der Zebrabärbling in der Entwicklungsbiologie spielt, ist es überraschend, dass die Entzifferung seines Genoms nicht so recht vorankam. Erste Versuche, ein Genom aus Sequenzen verschiedener Individuen zusammenzusetzen, scheiterten an den unerwartet zahlreichen Unterschieden zwischen den sequenzierten Vertretern, sowie an der Häufigkeit von Wiederholungen innerhalb des Genoms.

Um diese Schwierigkeiten zu umgehen züchteten die Forscher einen neuen Stamm heran, der auf den Namen »Tübingen« hört und von jedem Gen nur eine Version besitzt. Von diesem erstellte das Sanger-Zentrum in der Nähe von Cambridge endlich die ersehnte Gesamtsequenz, die dann im April 2013 publiziert wurde [129].

In dieser Sequenz wurden 26 000 Gene identifiziert, mehr als in jedem anderen bisher sequenzierten Wirbeltier. Wiederholungen machen mehr als die Hälfte der Gesamtlänge aus, auch dies ist ein neuer Rekord für Wirbeltiere.

Für rund 70 % aller menschlichen Gene fanden die Forscher im Zebrabärbling eine Entsprechung. In detaillierteren Vergleichsstudien, die auch die Genome von Maus und Huhn herbeizogen, fanden sie mehr als 10 000 Gene, die allen vier Arten gemeinsam sind.

Da der Zebrabärbling das (nach Anzahl der Gene) größte bekannte Wirbeltier-Genom hat, ist es nur logisch, dass er in diesem Quartett auch die größte Zahl an »exklusiven« Genen besitzt, die er mit keinem der drei Landwirbeltiere teilt.

Gleichzeitig, aber bereits auf den Genomdaten aufbauend, veröffentlichten Forscher vom Sanger-Zentrum und von der Universität Utrecht in den Niederlanden umfassende Analysen zur Funktion von mehr als 10 000 Genen des Zebrabärblings [130]. Die Autoren entwickelten neue Methoden, um mit hohem Durchsatz die von Mutationen dieser Gene eventuell ausgelösten Entwicklungsstörungen zu entdecken. Erste Ergebnisse legten nahe, dass nur 6 % der untersuchten Genvarianten innerhalb der ersten fünf Tage der Embryonalentwicklung einen nachweisbaren Defekt erzeugen. Umfassendere Untersuchungen, die letztendlich, so hoffen die Forscher, jedem Gen des Zebrabärblings eine wohldefinierte Funktion zuweisen, werden allerdings noch ein wenig länger brauchen.

Von allen menschlichen Genen, die man mit einer Krankheit in Verbindung gebracht hat, besitzen drei Viertel eine Entsprechung beim Zebrabärbling. In Einzelfällen haben Untersuchungen an diesem Modellsystem bereits ganz konkrete medizinische Anwendungen hervorgebracht. Selbst Mechanismen zur Zügelung des Appetits haben wir mit unseren flossenbewehrten Verwandten gemeinsam [131].

Bei vielen entwicklungsbiologischen und medizinischen Fragen ist der Zebrabärbling ebenso nützlich wie die Maus, dabei aber leichter zu handhaben und zu analysieren. Dank des nun vorliegenden Referenzgenoms und den neuen Einblicken in die Evolution von Fischen und Vierbeinern werden Forscher nun viel besser verstehen, was den »Fisch in uns« bewegt.

28
Extremophile Rotalge des Gen-Diebstahls überführt

Bei Bakterien und Archäen kommt es oft vor, dass eine Mikrobe Gene nicht »vertikal« von ihren Vorfahren ererbt, sondern durch »horizontalen Gentransfer« von ihren Zeitgenossen übernimmt. Jetzt wurde erstmals bei einer einzelligen Rotalge, die wie alle Pflanzen und Tiere zu den Eukaryonten zählt, Diebstahl von zahlreichen und überlebenswichtigen Genen nachgewiesen.

Molekulare Evolutionsforschung wäre mit den heute verfügbaren Sequenziertechniken ganz einfach, wenn die Arten sich lediglich im Laufe der Zeit graduell ändern und in neue Varianten aufspalten würden. Unter dieser Voraussetzung kann man aus den Gemeinsamkeiten von miteinander näher verwandten Arten zurückextrapolieren und etwas über die Eigenschaften der gemeinsamen Vorfahren herausfinden [132].

Das funktioniert bei Tieren recht gut, und Forscher konnten zum Beispiel einiges über die Ursprünge des eigentümlichen Verdauungssystems der Wiederkäuer in Erfahrung bringen. Will man jedoch tiefer in die Evolutionsgeschichte vordringen und die über zwei Milliarden Jahre lange Phase erforschen, als es auf der Erde ausschließlich Einzeller gab, dann stößt diese Vorgehensweise auf Schwierigkeiten.

In diesem Zeitrahmen können Arten sich nämlich nicht nur verzweigen, sondern auch zusammenwachsen. Die komplexe eukaryontische Zelle, der Grundbaustein aller vielzelligen Lebewesen, entstand vermutlich aus einer Verschmelzung von Archäen und Bakterien, und sie nahm zusätzlich noch weitere Bakterien als Gäste auf, die dann mit der Zeit zu heutigen Organellen (Chloroplasten, Mitochondrien) verkümmerten. Die Theorien über den Ursprung der Eukaryonten sind allerdings noch im Fluss – Ende 2013 wurde zum Beispiel wieder einmal eine neue Hypothese aufgestellt [133].

Invasion der Waschbären Erste Auflage. Michael Groß.
© 2014 WILEY-VCH Verlag GmbH & Co. KGaA.

Solche Fusionen und Übernahmen von Arten können die molekulare Evolution ganz schön durcheinanderwirbeln. Im Bereich der Einzeller kommt es aber noch schlimmer. Während langfristig erfolgreiche Fusionen wohl selten sind, ist der horizontale Gentransfer zwischen gleichzeitig lebenden Mikrobenarten an der Tagesordnung. Diese kann man heute noch im Labor und in der medizinischen Praxis beobachten, wenn pathogene Bakterien Gene erwerben, die sie gegen bestimmte Antibiotika resistent machen.

Bei Bakterien funktioniert das oft so, dass Plasmide, also ringförmige DNA-Abschnitte, die neben dem ebenfalls ringförmigen Chromosom der Mikrobe vorkommen, die überlebenswichtigen Gene tragen. Wenn ein massiver Selektionsdruck die Träger dieser Plasmide bevorzugt, kommt es leicht zum Gentransfer auch zwischen verschiedenen Arten. Auch bei Archäen kommt so etwas öfter vor, wenn auch das Phänomen bei ihnen nicht so umfassend charakterisiert ist, da es keine medizinisch relevanten Archäen gibt.

Kleptomanie kommt in den besten Familien vor

Als ungewöhnlich gilt der Gen-Klau hingegen bisher bei den Eukaryonten. Zum einen haben wir so etwas eigentlich nicht nötig, da wir ja mit der sexuellen Fortpflanzung einen offiziellen Weg haben, unsere Nachkommen mit guten Genen von einem zweiten Elternteil aufzupeppen. Zum anderen wäre es aufgrund des größeren Umfangs und der Komplexität von Eukaryonten-Genomen ganz schön schwierig, mal eben ein geklautes Gen einzubauen.

Dennoch haben einzellige Algen offenbar die Tendenz zur Kleptomanie mit den primitiveren Einzellern gemeinsam. Die Analyse des Genoms der Kieselalge *Phaeodactylum* (siehe auch Kapitel 24) zeigte, dass diese hunderte von Bakteriengenen übernommen hat. Mehr als 300 der geklauten Gene finden sich auch in der Art *Thalassiosira pseudonana*. Deren Transfer fand demnach bereits statt, bevor sich diese beiden Abstammungslinien vor etwa 90 Millionen Jahren trennten [134].

Nun könnte man die Diatomeen als Sonderfall abtun, da deren Evolutionsgeschichte in vielerlei Hinsicht ungewöhnlich ist. Sie verdanken ihren Photosynthese-Apparat zum Beispiel nicht demselben historischen Ereignis wie andere Algen und Pflanzen (der Aufnahme eines urzeitlichen Verwandten der Cyanobakterien vor etwa 1,5 Milliarden Jahren), sondern der sehr viel späteren Akquisition einer Rotalge vor mehr als 200 Millionen Jahren (siehe Kapitel 24).

Anfang 2013 konnten aber eine internationales Gemeinschaftsprojekt unter Federführung von Andreas Weber an der Universität Düsseldorf und Gerald Schönknecht an der Oklahoma State University in Stillwater bei einem anderen eukaryontischen Einzeller, der mikroskopisch kleinen Rotalge *Galdieria sulphuraria*, Gen-Diebstahl im Großmaßstab feststellen [135].

G. sulphuraria lebt vulkanisch aktiven Gebieten (z. B. in Island und im Yellowstone-Nationalpark in den USA) unter extrem unwirtlichen Bedingungen, am Rande dessen, was für Eukaryonten physikalisch möglich ist. Die Alge gedeiht bei Temperaturen bis 56 °C, hoher Salzkonzentration und pH-Werten zwischen 0 und 4. Sie kann mit Schwermetallen wie Arsen und Quecksilber umgehen und ihren Stoffwechsel auf verschiedenste Bedingungen einstellen, wobei sie entweder Photosynthese betreibt oder, bei heterotropher Lebensweise, etwa 50 verschiedene Substanzen als Kohlenstoffquelle benutzen kann.

Die Teams um Weber und Schönknecht analysierten nun das Genom der Rotalge, wobei sie auf völlig neues Gebiet vorstießen. Ihre Vorgänger und die der am nächsten verwandten bisher sequenzierten Art, *Cyanidioschyzon merolae*, gingen vor rund einer Milliarde Jahren getrennte Wege [136]. Somit haben diese beiden Arten nicht mehr gemeinsam als Menschen und Insekten.

Es zeigte sich, dass die Rotalge insbesondere die genetische Ausstattung, die sie zum Überleben unter extremen Bedingungen benötigt, von Bakterien oder Archäen durch horizontalen Gentransfer erworben hat. In mindestens 75 Fällen konnten die Forscher die Alge des Diebstahls überführen. Oftmals hat diese dann das geklaute Gen vervielfältigt und daraus eine ganze Familie von verwandten Genen abgeleitet, sodass heute rund 5 % ihrer Protein-Gene auf horizontalen Transfer zurückzuführen sind.

Bei der Entsorgung von Arsen hilft der Rotalge zum Beispiel die Ionenpumpe ArsB, deren nächste Verwandte sich bei den thermoacidophilen Bakterien findet. Ein Enzym, das toxische Quecksilber(II)-Verbindungen zu metallischem Quecksilber reduziert, stammt vermutlich von Proteobakterien.

Die Rotalge kann Verdauungsenzyme ausscheiden, um Biopolymere in ihrer Umgebung zu kleinen organischen Molekülen abzubauen, die sie dann als Nährstoffe aufnehmen kann. Auch einige dieser Enzyme, darunter saure Phosphatase und beta-Galactosidase, sind bakteriellen Ursprungs.

Als osmotisches Gegenmittel gegen hohe Salzkonzentration im wässrigen Medium produziert *G. sulphuraria* Betain aus Glycin. Die dazu erforderliche Methyltransferase stammt offenbar aus salzliebenden Cyanobakterien. Eine große Genfamilie, für die es bei anderen Eukaryonten keine Entsprechung gibt, und die vermutlich von den Archäen stammt, codiert für lösliche ATPasen unbekannter Funktion. Die Forscher vermuten, dass diese zur Hitzetoleranz beitragen könnten, da die Häufigkeit solcher Enzyme in Archäen-Genomen mit der optimalen Wachstumstemperatur der Arten zunimmt.

Offene Fragen

In manchen Fällen können die Genforscher bisher noch nicht entscheiden, ob eine genetische Besonderheit von *G. sulphuraria* auf Gen-Klau zurückgeht oder vielleicht doch auf ein urzeitliches Gen eukaryontischer Vorfahren, das bei allen anderen bisher untersuchten Nachfahren verloren ging. Um das genauer zu analysieren, müssten sie noch zahlreiche andere Genome von eukaryontischen Einzellern analysieren.

Unklar ist auch, wie die diebische Alge die artfremden Gene in ihren Zellkern eingeschmuggelt haben könnte. Hat sie sich die Bakterien und Archäen womöglich einverleibt und es gab zunächst eine endosymbiontische Beziehung – so wie am Anfang der Entwicklung von Mitochondrien und Chloroplasten?

Der Stammbaum des Lebens auf der Erde wird durch solche Erkenntnisse nicht einfacher. Er verzweigt sich nicht nur, sondern bildet auch unerwartete Querverbindungen aus, was die Erforschung der Evolutionsgeschichte wieder zu einer interessanten Herausforderung macht.

29
Mit Darmbakterien durch dick und dünn

Das kollektive Genom unserer Darmbakterien enthält 150-mal so viele Gene wie unser eigenes, und Genetiker hoffen nun, dort die Antworten auf wichtige medizinische Fragen zu finden, die uns das Humangenom-Projekt schuldig blieb. Womöglich sind unsere Verdauungshelfer sogar für krankhaftes Übergewicht und Diabetes verantwortlich.

Im April 2003 wurde verkündet, das menschliche Genom sei nun vollständig entschlüsselt. Das stimmte zwar nicht ganz, denn einige besonders kniffflige Bereiche wie das Y-Chromosom leisteten noch erbitterten Widerstand, aber von praktisch allen Genen kannte man zu diesem Zeitpunkt zumindest eine Version.

Damit begann die Suche nach genetischen Grundlagen von häufigeren Krankheiten wie Herzinfarkt, Krebs und Diabetes. Weitere Großprojekte katalogisierten SNPs (single nucleotide polymorphisms, also Punkte in der Sequenz, an denen verschiedene Basen vorkommen können), sequenzierten hunderte von Genomen einzelner Individuen, studierten die genetische Vielfalt der Menschheit, den vermeintlichen Müll zwischen den Genen und die epigenetischen Mechanismen, welche die Ablesung der Gene regulieren und ihrerseits auch mitvererbt werden können.

Alle diese Anstrengungen erzeugten riesige Berge an genetischen Daten, aber relativ wenig Vorweisbares, was die Gesundheitsprobleme einer großen Zahl von Patienten erklären könnte. Wenn Sie zum Beispiel in der Zeitung wieder mal lesen, dass »ein Gen für Autismus« (oder Diabetes, Herzkrankheit, Krebs ...) gefunden wurde, dann können Sie sicher sein, dass das neue Gen nur einen verschwindend kleinen Anteil der Fälle der zugehörigen Krankheit erklärt, und selbst dann nicht unbedingt eine zuverlässige Prognose ermöglicht.

Die Genvarianten, die einen dramatischen und eindeutigen Effekt auf unsere Gesundheit haben, waren alle schon vor dem Genom-

Invasion der Waschbären Erste Auflage. Michael Groß.
© 2014 WILEY-VCH Verlag GmbH & Co. KGaA.

projekt bekannt (z. B. Mukoviszidose, Bluterkrankheit, Brustkrebs-Gene). Andererseits bleiben Veranlagungen, die viele Millionen Menschen betreffen, weiterhin unerklärt.

Freundliche Bakterien

Nachdem nun die Gene in unseren Zellkernen gründlich erforscht sind, bleiben noch die Gene unserer Stammgäste, der Bakterien, die uns bei der Verdauung unserer Nahrung helfen. Im März 2010 publizierte das internationale Konsortium MetaHIT (Metagenomics of the Human Intestinal Tract) einen ersten »Katalog« des Darm-Metagenoms, wobei nicht etwa bestimmte Spezies kultiviert wurden, sondern die Gesamtheit der Darmflora von 124 Personen nach der Schrotschuss-Methode sequenziert wurde [137].

Das entstandene Datenpaket nennt man auch das Darm-Mikrobiom, und es enthält rund 3,3 Millionen verschiedene Gene, also etwa 150-mal so viele wie unser eigenes Genom. Jede einzelne der untersuchten Personen beherbergte mindestens 160 Bakterienarten, aber nicht unbedingt dieselben. Insgesamt identifizierten die Forscher mehr als 1000 Arten.

Wichtig für die medizinische Anwendung ist vor allem die Variabilität des Darm-Mikrobioms. Ändert es sich mit der Zeit? Wie unterscheidet es sich zwischen verschiedenen Personen? Und haben diese Unterschiede gesundheitliche Auswirkungen?

Um diese Fragen besser angehen zu können, erweiterten die Arbeitsgruppen von Peer Bork am EMBL in Heidelberg und von George Weinstock an der Washington University School of Medicine in St. Louis den Datenvorrat noch einmal um die Metagenome von mehreren hundert Patienten aus verschiedenen Studien in Europa und den USA und untersuchten die geografische, zeitliche und personenspezifische Variabilität der Gendaten.

Sie untersuchten diese zunächst einmal genauso, wie die Humangenomforscher das menschliche Genom analysiert hatten, nämlich indem sie durch Sequenzvergleich Mutationen aufspürten. Sie fanden mehr als 10 Millionen SNPs und mehr als 100 000 Einschübe und Verluste (Indels für insertions/deletions) [138].

Nicht jeder Austausch eines Buchstabens in der DNA führt auch zu einer Mutation im zugehörigen Protein. Das Verhältnis der nicht-synonymen Varianten (die zu einer Änderung des Proteins führen) zu synonymen Varianten ermöglicht Rückschlüsse auf den Selektionsdruck, dem eine Population ausgesetzt ist. Dabei repräsentieren die synonymen (stillen) Varianten die Wahrscheinlichkeit von Zufallsmutationen, während bei den nicht-synonymen ein Teil davon durch natürliche Selektion entfällt.

Bei der statistischen Auswertung dieser Daten fanden die Forscher, dass die relative Häufigkeit nicht-synonymer Austausche für eine gegebene Bakterienart sich zwischen den untersuchten Personen nicht besonders stark unterschied. Die Schlussfolgerung daraus lautet, dass für die Evolution der Bakterien die spezifischen Bedingungen eines einzelnen Wirts weniger ausschlaggebend sind als die allgemeinen Bedingungen, die bei den meisten Menschen vorherrschen.

Die Forscher führten auch wiederholte Analysen an denselben Personen durch, um festzustellen, ob sich die Bakteriengemeinschaft mit der Zeit ändert. Sie konnten im Rahmen der bisher berichteten Ergebnisse keine zeitliche Änderung feststellen – allerdings waren diese Untersuchungen auch auf einen maximalen Zeitrahmen von einem Jahr und auf 43 Individuen beschränkt. Es ist durchaus denkbar, dass über längere Zeitabstände, und insbesondere auch in Entwicklungsphasen wie etwa der Pubertät oder der Menopause, wenn sich die Hormonspiegel drastisch ändern, auch die Darmflora die Veränderungen mitmacht.

Einen Zusammenhang zwischen Hormonen und Darmbakterien konnte zum Beispiel die Arbeitsgruppe von Jayne Danska am Hospital for Sick Children in Toronto (Kanada) feststellen. Danska und ihre Mitarbeiter fanden, dass bei einem Mäusestamm, der besonders anfällig für juvenilen Diabetes ist, eine Transplantation von Darmbakterien aus einer erwachsenen männlichen Maus die Tiere vor der Erkrankung schützen kann. Dieser Schutz hängt von der Funktionsfähigkeit des Androsteron-Rezeptors ab. Die wahrscheinlichste Erklärung ist, dass die Darmbakterien ihren Wirt zur Ausschüttung von Testosteron animieren [139].

Durch dick und dünn

Auch der Altersdiabetes und das Übergewicht, das immer mehr Menschen in den Industrieländern für diese Krankheit anfällig macht, stehen vermutlich im Zusammenhang mit der Darmflora. Bereits 2004 hatte die Arbeitsgruppe von Jeffrey Gordon an der Washington University School of Medicine in St. Louis gezeigt, dass die Darmflora von Mäusen einen direkten Einfluss darauf hat, ob die Tiere Fettspeicher anlegen oder nicht.

Liping Zhao und Na Fei von der Shanghai Jiao Tong Universität in Shanghai, China, konnten an der Fallstudie eines übergewichtigen Patienten demonstrieren, dass dessen Abmagerungskur mit einer drastischen Veränderung seiner Darmflora verbunden war [140]. Am stärksten verringerte sich die Präsenz einer Art von *Enterobacter*, die gefährliche Toxine produziert und eher unerwünscht ist. Diese Bakterien machten zu Anfang der Kur mehr als ein Drittel der Darmflora aus, fielen aber nach erfolgreichem Gewichtsverlust unter die Nachweisgrenze.

Zhao und Fei kultivierten die Bakterien im Labor und implantierten den Stamm dann in die Därme von Mäusen, die vorher keine eigene Darmflora besessen hatten. Vorher waren diese sogenannten keimfreien Mäuse resistent gegen Gewichtszunahme bei fettreicher Ernährung gewesen. Nach Transplantation der *Enterobacter*-Kultur nahmen alle so behandelten Mäuse (außer einer, die an einer Infektion starb), rasch zu.

Zhao und Fei folgern aus diesem Experiment, dass Bakterien wie der von ihnen untersuchte *Enterobacter*-Stamm auch beim Menschen die Gewichtszunahme bei fettreicher Ernährung direkt hervorrufen können.

Wenn Bakterien uns dick machen, dann können sie uns vielleicht auch beim Abnehmen helfen? Auch dafür gibt es bereits Belege, und einer von diesen kam aus einer völlig unerwarteten Richtung. Die Arbeitsgruppen von Peter Turnbaugh am Massachusetts General Hospital und Lee Kaplan an der Harvard-Universität untersuchten die Magenbypass-Operation, die gelegentlich bei extrem übergewichtigen Patienten als letzte Option durchgeführt wird.

Die ursprüngliche Idee hinter dieser Operation ist eine rein mechanische: Durch Verkleinern der Räume, in denen Nährstoffe verwertet werden können, soll die Kalorienzufuhr gedrosselt werden. Die Untersuchung von Turnbaugh und Kaplan an einem Mausmodell mit Kontrollexperimenten legt allerdings nahe, dass es nicht die Klempnerei am Rohrsystem, sondern die zwangsweise Umsiedlung der Bewohner desselben ist, die den nachfolgenden Gewichtsverlust auslöst [141]. Dieser überraschende Befund weckt Hoffnungen, dass eine extrem invasive Maßnahme vielleicht schon bald durch eine viel einfachere und ebenso wirksame Behandlung der Darmflora ersetzt werden kann.

Experten halten es für durchaus denkbar, dass Bakterienkulturen von schlanken Menschen übergewichtigen Patienten beim Abnehmen helfen können. Bisher werden solche »Transplantationen« nur inoffiziell in Notfällen durchgeführt, vor allem bei gefährlichen Infektionen mit *Clostridium difficile*.

Da die umfassende Erforschung des Darm-Mikrobioms erst am Anfang steht, scheint es nicht sehr wahrscheinlich, dass man daraus abgeleitete Schlankheitskuren demnächst als Tabletten kaufen kann. Ein fundamentales Problem ist gleichzeitig auch der Grund, warum man die Verheißungen der Joghurt-Hersteller nicht unbedingt wörtlich nehmen sollte: die freundlichen Bakterien, die schlanken Menschen helfen, schlank zu bleiben, sind überwiegend anaerob. Sie würden den Weg durch Mund und Magen nicht überleben.

30
Protein-Schäume in der Tierwelt

Oberflächenaktive Proteine kommen in der Natur nur selten vor. Frösche, Pferde und Pilze liefern die bisher bekannten Beispiele, deren eingehende Untersuchung auch zu Anwendungen in Medizin und Lebensmitteltechnologie führt.

Manche tropische und subtropische Froscharten haben eine eigentümliche Art, ihren Laich zu schützen: Sie betten ihn in ein Schaumnest ein. Beim Baumfrosch Südasiens (*Polypedates leucomystax*) zum Beispiel scheidet das Weibchen nach der Paarung eine Proteinlösung aus, welche beide Partner dann mit vehementen Bewegungen ihrer Hinterbeine zu einem Schaum schlagen, der schließlich etwa die Konsistenz von Eischnee annimmt.

Dieser Bioschaum behält über mehrere Tage seine Form, sogar unter extrem feuchtheißen Bedingungen im Dschungel. Noch überraschender ist allerdings, dass sich manche der Schaumnester innerhalb von rund 20 Minuten blaugrün färben – ein solcher Farbwechsel war vorher im Tierreich noch nicht bekannt.

Der Zoologe Malcolm Kennedy von der Universität Glasgow hatte Schaumnester zuerst während einer Exkursion in Trinidad beobachtet. Zusammen mit dem Physikochemiker Alan Cooper von derselben Universität begann er dann 1997 ein Projekt zur Untersuchung der ungewöhnlichen Eigenschaften dieser Schäume. Ermöglicht wurde dies durch ein Förderprogramm des Wellcome Trust, das speziell auf ungewöhnliche Projekte ausgerichtet war, die im Normalbetrieb der Forschung unberücksichtigt blieben.

Auf weiteren Reisen nach Trinidad und Malaysia sammelten Cooper und Kennedy Schaumnester ein, wobei sie bevorzugt solche wählten, die aufgrund einer unklugen Standortwahl von vornherein keine Überlebenschancen hatten. In Trinidad besuchten sie zum Beispiel regelmäßig einen alten Friedhof, auf dem ein Wasserbüffel das Gras

Invasion der Waschbären Erste Auflage. Michael Groß.
© 2014 WILEY-VCH Verlag GmbH & Co. KGaA.

kurz hielt. Die dort ansässigen Frösche deponierten ihre Schaumnester gern nachts in der Schlammsuhle des Büffels, ohne zu berücksichtigen, dass selbiger unweigerlich am nächsten Morgen aufwachen und ihren Nachwuchs plattwalzen würde.

Nachdem sie die Nester eingesammelt hatten, mussten die Forscher in mühseliger Kleinarbeit die Frosch-Eier von ihrer Schaumverpackung trennen. Den Schaum nahmen sie dann mit nach Hause nach Glasgow, wo sie ihn mit den gängigen biophysikalischen Analysemethoden wie Elektrophorese und Spektroskopie genauestens untersuchten.

Dabei fanden sie unter anderem heraus, dass die charakteristische Farbe der asiatischen Froschnester auf ein ungewöhnliches Protein zurückgeht, das in gereinigter Form schlumpfblau ist, und das die Forscher deshalb Ranasmurfin nannten, nach dem lateinischen Wort für Frosch und dem englischen für Schlumpf.

Zusammen mit dem Proteinkristallografen Jim Naismith von der Universität Saint Andrews lösten sie im Jahre 2008 die Kristallstruktur des Ranasmurfin [142]. Sie fanden sowohl ein neues Faltungsmuster[1] als auch eine neuartige chemische Quervernetzung zwischen den räumlichen Abteilungen der Proteinstruktur. (Wenn Sie Chemie abgewählt haben oder dagegen allergisch sind, dürfen Sie den nächsten Absatz überspringen.)

Offenbar hatten in jeder der beiden Untereinheiten des Proteins jeweils zwei Lysin-Seitenketten mit einem Tyrosin unter Bildung eines Orthochinons reagiert. Die beiden Orthochinone verschmolzen dann zu einem Indophenol, das eine Brücke zwischen den beiden Untereinheiten bildet. Dieses Indophenol trägt zur Koordination eines Zink-Ions bei. Dieser metallorganische Komplex ist offenbar für die charakteristische blaue Farbe des Proteins verantwortlich, wie die Glasgower Forscher durch Synthese von analogen Modellverbindungen belegen konnten.

Womöglich trägt diese ungewöhnliche Querverbindung, deren Zustandekommen durch chemische Reaktionen nach Abschluss der Proteinbiosynthese (also posttranslationale Modifikation) ein wenig an das prominentere Beispiel des Grün Fluoreszierenden Proteins

---

1) Eine solche Neuentdeckung kommt heutzutage selten vor, da die meisten in der Natur vorkommenden Schemata wohl schon bekannt sind.

(GFP) erinnert, auch zu der ungewöhnlichen Stabilität des Eiweißstoffs an der Phasengrenze bei.

Meistens ist das Schäumen einer proteinhaltigen Lösung ein schlechtes Zeichen. Passiert das im Labor, so ist die kostbare Probe meist perdu. Nur in ganz wenigen Fällen gehört die Schaumbildung zur natürlichen Aufgabe eines Proteinmoleküls. Bei tropischen Froscharten gibt es außer dem Ramasmurfin auch noch eine Familie von Ranaspuminen, aber sonst kennt man dieses Phänomen im Tierreich bisher nur im Schweiß der Pferde und ihrer nächsten Verwandten (also in der Familie der Equidae, zu der auch die Zebras und Esel gehören).

Schön geschwitzt

Pferde und Menschen kühlen sich durch ausgiebiges Schwitzen, aber damit stehen diese beiden lauffreudigen Arten im Tierreich recht einsam da. Außer den anderen Mitgliedern der Equidae sind da noch die Husarenaffen (*Erythrocebus patas*) zu nennen, und dann ist die Liste auch schon zu Ende. Die kleine, aber feine Gemeinde der stark schwitzenden Tiere ist sich nicht einmal einig, was in der ausgeschwitzten Flüssigkeit enthalten sein sollte. Beim Menschen enthält sie bekanntlich viel Salz und kaum Eiweiß. Beim Pferd ist es umgekehrt, und beim Husarenaffen weiß man es noch nicht so genau.

Eine der im Pferdeschweiß reichhaltig vorhandenen Substanzen ist ein oberflächenaktives Protein namens Latherin (vom englischen *lather* für Schaum). Seine vermutete Funktion besteht darin, dass es dem Schweiß ermöglicht, die dichten Fellhaare zu benetzen, und somit die ansonsten wasserundurchlässige Pelzschicht schneller zu durchdringen. Da die Equidae als wehrlose Pflanzenfresser evolvierten, deren einzige Rettung vor Raubtieren in ausdauernder Flucht bestand, waren solche Feinheiten für sie durchaus überlebenswichtig.

Andererseits findet sich das Latherin auch im Speichel der Pferde. Möglicherweise kam es dort sogar zuerst zum Einsatz, und zwar bei der Benetzung von trockener Nahrung.

Latherin ist sowohl in wässriger Phase stabil als auch in Oberflächen-Situationen wie etwa bei der Schaumbildung. In mehrjähriger

Arbeit konnten die Glasgower Forscher herausfinden, wie sich diese Doppelfunktion erklären lässt. Zunächst ermittelten die Arbeitsgruppen von Cooper und Kennedy die Aminosäurensequenz des Proteins und seine physikochemischen Parameter bei der Schaumbildung. Mit Neutronen-Reflektometrie fanden sie heraus, dass es an der Phasengrenze zwischen Wasser und Luft eine extrem dünne Schicht bildet, die nur rund einen Nanometer (ein millionstel Millimeter) dick ist [143]. In wässriger Lösung hingegen nimmt es eine globuläre Form an, die angesichts des bekannten Molekulargewichts deutlich dicker sein muss.

Wie genau die lösliche Form aufgebaut ist, war allerdings gar nicht so leicht herauszufinden. Die Aminosäure Leucin besetzt rund ein Viertel der Positionen in der Sequenz. Diese ungewöhnliche Häufung hat zur Folge, dass die sehr ähnlichen NMR-Signale dieser zahlreichen Leucin-Reste nur sehr schwierig zuzuordnen sind [144].

Als die Auflösung der Struktur in Kollaboration mit der Arbeitsgruppe von Brian Smith in Glasgow dann endlich gelang, zeigte diese einen Hohlzylinder, der auf einer Seite von Faltblättern, auf der anderen von Helices gebildet wird [145]. Die Helices sind nahezu parallel zur Zylinderachse ausgerichtet. Die Forscher spekulieren, dass zwei dieser Helices den Reißverschluss bilden, wo sich der Zylinder öffnet und seine Hülle sich in ein flaches Rechteck verwandeln kann.

Das zylindrische Faltungsmuster ist nicht neuartig, aber auch nicht gerade häufig. Die nächsten bekannten Verwandten dieses Proteins finden sich vermutlich in der auch beim Menschen vorkommenden PLUNC-Gruppe, die mit Krebserkrankungen des Gaumens, der Lungen und der Nasenschleimhaut in Verbindung gebracht werden. Die Abkürzung steht dementsprechend für Palate, LUng and Nasal epithelium Carcinoma.

Ansonsten ist über die Funktion der PLUNC-Proteine noch nichts Näheres bekannt, und es liegt noch keine experimentell ermittelte Struktur eines solchen Moleküls vor. Immerhin konnten die Glasgower Arbeitsgruppen auf der Grundlage ihrer Latherin-Struktur eine Prognose für das PLUNC-Protein BPIFA1 wagen, das beim Menschen in der Luftröhre produziert wird.

Schmackhafter Schaum

Cooper und Kennedy betonen, dass ihre Untersuchungen zu tierischen Schäumen allein von ihrer wissenschaftlichen Neugier motiviert sind. Dennoch sind praktische Anwendungen in mehreren Gebieten denkbar. Der Lebensmittel-Riese Unilever hält bereits zahlreiche Patente für die Verwendung von Hydrophobinen – einer Gruppe von oberflächenaktiven Proteinen aus Pilzen – zur Konstanthaltung der Größe von Luftblasen in aufgeschäumten Speisen wie Desserts, Eis und Milch-Shakes. Im Brauereiwesen könnten Hydrophobine womöglich das Bier vor Pilzbefall schützen [146].

Auch zur Stabilisierung von Geschmackstoffen und anderen Inhaltsstoffen von Lebensmitteln, sowie in diversen medizinischen Anwendungen können Hydrophobine und andere obeflächenaktive Proteine nützlich werden. Was wieder einmal zeigt, dass man in den exotischsten Launen der Natur oft die interessantesten und nützlichsten Dinge entdecken kann.

31
Haben Tiere Bewusstsein?

Das Bewusstsein des Menschen galt lange Zeit eher als ein Thema der Philosophie, da es für naturwissenschaftliche Untersuchungen kaum greifbar schien. Neuere Untersuchungen an Tieren haben jedoch eine ganze Reihe von geistigen Leistungen nachgewiesen, die auf die eine oder andere Weise mit unserem Bewusstsein zusammenhängen und es uns ermöglichen, dieses schwer zugängliche Problem in leichter handhabbare Einzelteile zu zerlegen.

Die Amerikanerin Temple Grandin ist vielen Menschen ein Begriff, die sich für Autismus interessieren, ebenso der umfangreichen Fangemeinde des Neurologen und Autors Oliver Sacks, denn sie war die Titelfigur seines frühen Bestsellers *Eine Anthropologin auf dem Mars*. Grandin ist autistisch, konnte aber dennoch eine erfolgreiche akademische Laufbahn vorweisen, wobei ihr Spezialgebiet die Entwicklung von humanen Methoden in der Viehzucht ist.

Grandin glaubt, dass ihre, vom Autismus geprägte, Art des Bewusstseins der von intelligenten Säugetieren nahesteht. Diese Einsicht half ihr sowohl dabei, mit ihrem eigenen Autismus besser zurechtzukommen, als auch bei der Entwicklung von Methoden zur Handhabung von Nutztieren, auf denen ihre Karriere beruht. Sie hat ihr Verhältnis zu Tieren in dem Buch *Ich sehe die Welt wie ein frohes Tier: Eine Autistin entdeckt die Sprache der Tiere* beschrieben, doch bereits in den 1990er-Jahren hat sie in einem auf ihrer Website veröffentlichten Aufsatz dargelegt, wie ihr eigenes Bewusstsein funktioniert, und welche Abstufungen des Bewusstseins es ihrer Ansicht nach bei Tieren gibt [147].

Demnach wäre ein einfaches Bewusstsein bei Tieren womöglich auf eine Art der Sinneswahrnehmung beschränkt. Wenn dieser Bewusstseinsmodus nicht über Sehen oder Gehör, sondern zum Beispiel über den Geruchssinn funktioniert, dürfte es uns Menschen schwerfallen, diese Art des Bewusstseins zu erkennen oder nachzuvollziehen. Eine Stufe höher gäbe es dann, laut Grandin, Bewusstsein, das alle Sinneswahrnehmungen mit einbezieht. Auf der dritten Stufe werden die Sinneswahrnehmungen auch mit Emotionen verknüpft, und auf der vierten Stufe können die Sinneswahrnehmungen und ihre emotionalen Verbindungen gedanklich verarbeitet werden, etwa durch Übersetzung in eine Form der Sprache.

Grandin glaubt, dass ihr Bewusstsein und auch das anderer Autisten auf der zweiten Stufe angesiedelt ist. Ihre Sinneseindrücke sind nicht mit Emotionen verknüpft, und ihre Gedanken sind nicht in Sprache abstrahiert, sie denkt in Bildern, obwohl sie ihre Gedanken durchaus in Wort und Schrift ausdrücken kann.

Nun kann man über das Bewusstsein der Menschen und der Tiere verschiedenster Ansicht sein. Die einen sprechen allen Tieren jegliche Art des Bewusstseins ab, doch am anderen Ende des Spektrums gibt es Biologen, die glauben, dass Bewusstsein automatisch zustande kommt, sobald hinreichend viele Nervenzellen miteinander verknüpft werden. Als Illustration des letzteren Standpunkts kann man Primo Levis Kurzgeschichte *In bester Absicht* lesen, wo ein Telefonnetz durch Zusammenschalten mehrerer Regionen die kritische Schwelle für Bewusstsein überschreitet und plötzlich anfängt, seine eigene Meinung darüber zu bilden, wer mit wem sprechen sollte. Wenn es eine solche Schwelle gibt, dann haben alle bisher von Menschen zusammengestöpselten Netzwerke sie offenbar noch nicht überschritten (außer vielleicht dem des amerikanischen Geheimdienstes NSA – vielleicht sind die menschlichen Mitarbeiter des Dienstes ja auch nur hilflose Diener eines bewusst gewordenen Netzwerks?).

Angesichts der tief greifenden philosophischen Meinungsunterschiede zu diesen Fragen ist es nützlich, wenn man das Problem in kleinere Teile zerlegen kann. Dies ist die bewährte Vorgehensweise des Reduktionismus, welcher der Biologie des 20. Jahrhunderts unschätzbare Dienste erwiesen hat. Grandins vier Stufen deuten eine solche Reduktion bereits an. Und in den vergangenen Jahren haben immer mehr Untersuchungen an Tieren Eigenschaften nachgewiesen, die sich als Fragmente – oder Bausteine – des Bewusstseins interpretieren lassen.

Kinder und Vögel

Auch Nicola Clayton, der wir als wissenschaftlicher Beraterin der Rambert Dance Company bereits in Kapitel 22 begegnet sind, vergleicht gerne Menschen und Tiere, insbesondere aus der Familie der Rabenvögel (Corvidae). Bei den Eichelhähern (*Garrulus glandarius*), die sie in ihren zoologischen Studien verwendet, hat sie zum Beispiel Eigenschaften nachgewiesen, die man bei Menschen normalerweise als Merkmale des Bewusstseins interpretiert, darunter auch »Theory of Mind« – also ein Verständnis dafür, was andere Individuen derselben Art möglicherweise denken (auch im Deutschen mit diesem englischen Fachbegriff oder auch als »Mentalisierung« bezeichnet).

Die Häher denken voraus und verstecken Nahrung für zukünftige Mahlzeiten. Wenn sie bemerken, dass ein Artgenosse sie dabei beobachtet hat, kehren sie später zu ihrem Versteck zurück, um den Lebensmittelvorrat unbeobachtet an einem anderen Ort verstecken zu können. Diese bemerkenswerte Verhaltensweise wird vor allem bei Individuen beobachtet, die selbst Erfahrung im Klauen haben. Sie können also offenbar ihre eigene Erfahrung nutzen, um die Denkweise ihrer Artgenossen vorherzusagen. Bei Kindern entwickelt sich diese Fähigkeit erst mit ungefähr vier Jahren, und bei Autisten ist sie stark beeinträchtigt. Es gibt also durchaus Menschen, die – aufgrund ihres Alters oder ihrer Behinderung – in dieser Hinsicht weniger »Bewusstsein« aufweisen als die Rabenvögel [148–150].

Evolutionsbiologen versuchen oft, die erstaunlichen geistigen Leistungen mancher Vogelarten zu relativieren und auf die Erfordernisse ihrer Lebensweise zurückzuführen. Einem Vogel, der sein Nest aus Zweigen baut, so das Argument, falle es leichter, einen Zweig als Werkzeug zu benutzen. Dem widerspricht eine Beobachtung von Alice Auersperg und Kollegen von der Universität Wien. Diese Gruppe hatte beobachtet, dass ein Goffinkakadu (*Cacatua goffiniana*) spontan Holzsplitter als Werkzeug benutzte, um einen Kiesel zu bewegen, der außerhalb seiner Reichweite lag [151]. Legten die Forscher Nüsse an vergleichbar schwer erreichbare Stellen, so setzte der Vogel weitere Holzsplitter und einiges an Einfallsreichtum ein, um dieser habhaft zu werden. Das Argument mit den Zweigen und dem Nestbau zieht in diesem Fall nicht, denn dieser Kakadu brütet – ebenso wie die meisten seiner Verwandten aus der Ordnung der Papageienvögel – in natürlichen Baumhöhlen. Elemente menschlichen Bewusstseins wie vorausdenken, sich in jemand anders hinein versetzen, sowie die Fähigkeit, physikalische Ursachen und Wirkungen zu durchblicken, sind vielleicht im Reich der Vögel weiter verbreitet als wir es bisher für möglich gehalten hatten.

Nicola Clayton erhielt im Jahre 2010 von der Jean-Marie-Delwart-Stiftung in Brüssel einen Preis für ihre vergleichenden Studien zum Bewusstsein von Vögeln und Menschenkindern. Die Stiftung hielt dann im Oktober 2013 eine Konferenz ab, die sich diesem Themenbereich in etwas breitererem Kontext widmete, also Bewusstseinsstudien bei Menschen und diversen Tierarten mit einschloss, wie die folgenden Beispiele zeigen.

Sozialverhalten von Hunden und Affen

Im Gegensatz zu Clayton beschränken sich die meisten Forscher, die bei Tieren nach Merkmalen des Bewusstseins suchen, auf Säugetiere. Hunde sind zu diesem Zweck besonders beliebt, nicht zuletzt deshalb, weil sie den Umgang mit Menschen gewohnt sind und man sie – über ihre Herrchen und Frauchen – leicht als »Freiwillige« für tierpsychologische Experimente rekrutieren kann.

Ádám Miklósi von der Eötvös-Universität in Budapest ist sehr aktiv in der Hunde-Psychologie tätig. Seine Arbeitsgruppe untersuchte zum Beispiel, wie Hunde auf menschliche Verhaltensmuster reagieren, wenn diese von Maschinen statt von Menschen ausgeführt werden. Dabei handelte es sich wohlgemerkt nicht um menschenähnliche Roboter, sondern um sogenannte »Unidentified Moving Objects«. Ziel der Experimente war, die Wirkung von Verhaltensweisen auf Tiere von deren Verkörperung (etwa durch Menschen) zu trennen [152].

Die ungarischen Forscher fanden, dass die Hunde sehr schnell lernten, die Verhaltensweisen der Maschinen zu interpretieren und Vorhersagen über ihr zukünftiges Verhalten zu machen – auch dies kann als eine Form des Bewusstseins gedeutet werden.

Auch die wilden Verwandten der Hunde, die Wölfe und Kojoten, eignen sich für die Bewusstseinsforschung, denn ihr Zusammenleben in Herden folgt detaillierten sozialen Regeln und hängt auch davon ab, dass einzelne Tiere sich in die Haut der anderen hineinversetzen können.

Marc Bekoff von der University of Colorado in Boulder hat das Verhalten von Kojoten (*Canis latrans*) über viele Jahre hinweg untersucht und zum Beispiel die Regeln, die das Spielverhalten der Jungtiere bestimmen, genau beschrieben. Dazu gehört etwa, dass sie in einer spielerischen Auseinandersetzung ihre Kräfte zurücknehmen oder sogar Rollen tauschen. Es wurde beispielsweise beobachtet, dass ein sonst dominantes Tier unterwürfige Verhaltensweisen spielte, was nahelegt, dass auch die Kojoten, wie die diebischen Häher, sich in die Position eines Artgenossen hineinversetzen können [153].

Grundregeln des Spiels der Kojoten betreffen auch die Kommunikation – dass sie sich über ihre Gemeinschaftsaktivität verständigen, dass sie dabei ehrlich miteinander kommunizieren, und dass sie Fehler zugeben. Bekoffs Beobachtungen zeigen, dass Jungtiere, die sich nicht an diese Regeln halten, auch keine sozialen Bindungen eingehen und das Rudel dann verlassen, wenn sie erwachsen sind. Als Einzeltiere sind sie höheren Risiken ausgesetzt als ihre mehrheitlich im Rudel lebenden Artgenossen und sterben im Durchschnitt früher. Die Einhaltung der Fairness-Regeln hat also einen direkten Evolutionsvorteil.

Am aussichtsreichsten ist die Suche nach menschenähnlichem Bewusstsein vermutlich bei unseren nächsten Verwandten, den Schimpansen (*Pan troglodytes*) und Bonobos (*Pan paniscus*; Zwergschimpansen). Zanna Clay und Frans de Waal von der Emory-Universität in Atlanta im US-Bundesstaat Georgia haben in einem Tierheim für die Opfer von illegaler Jagd auf die Affen beobachtet, wie junge Bonobos ihren Artgenossen Trost spenden [154].

Erste Untersuchungen hatten gezeigt, dass die jugendlichen Bonobos häufiger Umarmungen austeilen als Kinder oder Erwachsene. Die neueste Studie belegt nun einen Zusammenhang zwischen dem Trösten und der Kontrolle über die eigenen Emotionen. Diejenigen unter den jugendlichen Bonobos, die selbst im seelischen Gleichgewicht sind und ihre Emotionen gut regulieren können, sind auch die eifrigsten Trostspender für Artgenossen, die zum Beispiel einen Wutausbruch hatten oder bei einem Streit den Kürzeren zogen.

Diese emotionale Ausgewogenheit fanden die Forscher am häufigsten bei Bonobos, die von ihrer Mutter großgezogen wurden. Die in dem Tierheim zahlreich vertretenen Waisenkinder hatten hingegen mehr Probleme sowohl mit ihren eigenen Emotionen als auch mit denen der anderen.

Ein solcher Zusammenhang zwischen Kontrolle über die eigenen Emotionen und Empathie für andere ist bei Menschenkindern gut belegt. Dass dieselbe Verbindung auch bei Bonobos auftritt, belegt nach Clay und de Waal, dass wir grundlegende psychosoziale Merkmale mit unseren tierischen Verwandten teilen.

Solche Merkmale aufzuspüren, das zeigt die neuere Forschung und auch die Brüsseler Tagung, ist eine vielversprechender Weg dahin, den schwer zu fassenden Begriff des Bewusstseins von Mensch und Tier endlich in den Griff zu bekommen.

Teil IV
Weiter leben

Wie könnte es weitergehen für die Erforschung von Organismen und Artengemeinschaften? Zum Abschluss wollen wir hier einige Zukunftsperspektiven diskutieren.

32
Verschmelzen von Biologie und Technologie

Von den beiden in diesem Buch behandelten großen Bereichen der Biologie, der funktionellen und der ökologischen Untersuchung des Lebens, hat die Funktionsforschung wohl die rosigeren Zukunftsaussichten. So wie es im Moment (Januar 2014) aussieht, wird die Ökologie Mühe haben, sich dem Verschwinden der Artenvielfalt auf der Erde entgegenzustemmen, aber die organismische Biologie wird weiterhin Fortschritte in ihrem Bemühen machen, die Funktion von Lebewesen auf allen Ebenen zu verstehen, ja sogar in artifiziellen Systemen nachzuahmen. Wenden wir uns diesen Bestrebungen zuerst zu.

Der Philosoph und Naturwissenschaftler René Descartes (1596–1650) glaubte, die Lebewesen seien »nur« mechanische Maschinen. Dazu wäre aus heutiger Sicht einiges zu ergänzen, da sie zahlreiche Eigenschaften aufweisen, die sich in einem Uhrwerk, wie es sich Descartes vorstellte, nicht wiederfinden, aber angesichts der Annäherung zwischen Technologie und Biologie können wir ihm auch nicht völlig widersprechen. Unser Verständnis der Maschinerie des Lebens verbessert sich laufend und nähert sich dem von künstlichen Maschinen.

Von der anderen Seite kommend, nähern sich auch die Eigenschaften von Maschinen denen der natürlichen Lebewesen an. Der langfristige Trend, den ich bereits 2003 zusammen mit Claudia Borchard-Tuch in einem Buch [155] erörtert habe, läuft darauf hinaus, dass die Grenzen zwischen Biologie und Technologie verschwimmen und allmählich verschwinden. Bald schon werden wir uns an Hybridsysteme gewöhnt haben, bei denen wir den Übergang zwischen künstlich und natürlich gar nicht mehr wahrnehmen.

Invasion der Waschbären Erste Auflage. Michael Groß.
© 2014 WILEY-VCH Verlag GmbH & Co. KGaA.

Roboter auf dem Vormarsch

Diese Entwicklung wird uns auch menschenähnliche Roboter bescheren, wie wir sie bisher nur aus der Science-Fiction kennen. Manche Arbeitsgruppen bereiten sogar schon die Programme für die Anpassung solcher Androiden an menschliches Sozialverhalten vor. Forscher des von der EU geförderten Projekts EFAA (Experimental Functional Android Assistant) haben ein soziales »Programm« entwickelt, das sie an bereits existierenden Robotern wie iCub testen. Dieses Programm beruht auf Emotionszuständen und Trieben des Roboters sowie auf Zielen, die er anstreben sollte.

Die höchstrangigen Ziele für das Verhalten des Roboters sind Überleben, Sicherheit, Spiel, Erkundungen und Umgang mit Menschen. Seine Triebe sind so eingerichtet, dass sie der optimalen Orientierung auf diese Ziele dienen. Vicki Vouloutsi und andere an der Universität Pompeu Fabra in Barcelona haben dieses Programm für den Roboter iCub implementiert und getestet. Für ihre Experimente benutzten sie einen interaktiven Tisch namens ReacTable, an dem der Roboter mit seinen menschlichen Kontaktpersonen Spiele spielen kann.

In einem typischen Versuchsablauf sieht sich der Roboter nach dem »Aufwachen« nach menschlichen Spielgefährten um, und wenn er solche findet, kommuniziert oder spielt er mit ihnen. Er mag es nicht, wenn er überraschend angefasst wird, oder wenn eine verwirrende Vielfalt von Objekten auf dem Spieltisch präsentiert wird. In solchen Fällen kann er – durch seine programmierten Gesichtsbewegungen – negativen Emotionen wie Angst oder Abscheu Ausdruck verleihen.

Dank dieser Fähigkeiten erscheint iCub schon nahezu menschlich. Insbesondere da wir bereits daran gewöhnt sind, menschliche Eigenschaften in nichtmenschlichen Akteuren wie Zeichentrickfiguren, Puppen oder Haustieren wiederzuerkennen, kann man sich leicht vorstellen, dass solche sozialen Roboter schon bald in Kundendienst-Positionen auftauchen und ihren biologischen Vorbildern die Arbeitsplätze streitig machen.

Andere Forschungsgruppen des europäischen Netzwerks arbeiten bereits daran, dem Roboter Elemente des menschlichen Bewusstseins zu verleihen, wie wir sie in Kapitel 31 anhand von Beispielen aus der Tierwelt diskutiert haben. Gregoire Pointeau und Mitarbeiter am INSERM-Institut in Bron in der Nähe von Lyon haben iCub bereits die

Fähigkeit verliehen, Handlungen vorauszuplanen und dann die tatsächlichen eingetretenen Ereignisse mit dem Plan zu vergleichen, was Fehlerkorrekturen und Lernen ermöglicht. Auf ähnliche Weise implementierten die Forscher auch die Fähigkeit, sich in in andere Akteure hineinzuversetzen, wie diebische Eichelhäher sie besitzen (siehe Kapitel 22).

Auch bei der maschinellen Nachahmung von mechanischen Bewegungen der Lebewesen tut sich in letzter Zeit so einiges. Kletternde Roboter benutzen etwa Tricks von Spinnen oder Raupen. Selbst so trügerisch einfach aussehende Bewegungen wie das Schwimmen der Fische beschäftigen die Biomimetik-Experten.

Nachahmung macht unsere Maschinen denen der Natur ähnlicher. Unabhängig davon verwischt ein weiterer Trend die Grenzen zwischen Biologie und Technologie, nämlich die Entwicklung sogenannter Biohybride, die natürliche und artifizielle Funktionselemente zu einem Ganzen verbinden. Zu diesem Feld zählen unter anderem auch funktionelle medizinische Prothesen wie etwa das Cochlea-Implantat (eine Hörprothese für Patienten, deren Hörnerv intakt ist), Herzschrittmacher, und demnächst auch künstliche Netzhaut.

Die Verwendung von funktionellen Biomolekülen etwa in Biosensoren gehört bereits zum Alltag. Mit größeren Herausforderungen wartet die Integration von Lebewesen und Maschinen auf den darüber liegenden Ebenen auf, von der Zelle bis hin zum Organismus. Einige Arbeitsgruppen haben bereits Muskelfasern von Säugetieren als mechanische Aktuatoren im Mikrometermaßstab eingesetzt. Das ist gar nicht leicht, denn diese Zellen benötigen sehr genau festgelegte Umweltbedingungen. Selbst wenn die physiologische Temperatur penibel konstant gehalten und das flüssige Medium regelmäßig erneuert wird, können Muskelfasern der Ratte im Laborversuch nur rund zwei Wochen in Betrieb bleiben.

Forscher in Japan haben deshalb für die Konstruktion eines Biohybrid-Motors auf andere Muskeln zurückgegriffen – die der Insekten [156]. In ihren Experimenten mit Muskelfasern aus der Motte *Ctenoplusia agnata* konnten sie die Fasern bei Temperaturen zwischen 5 und 35 °C drei Monate lang benutzen und während dieser Zeit mussten sie nicht einmal das Medium auswechseln.

Die Forscher setzten die Kraft des Insektenmuskels dazu ein, die Form eines aus Polydimethylsiloxan (PDMS) gegossenen Parallelogramms von wenigen Millimetern Länge zu stauchen. Wenn der Muskel sich entspannt, dehnt sich auch das Parallelogramm wieder aus. Kombiniert man dieses hin und her mit einer Vorzugsrichtung, sodass die »Vorderbeine« des Geräts bevorzugt dann verrutschen, wenn es sich ausdehnt, und die Hinterbeine nachgezogen werden, wenn es sich wieder zusammenzieht, dann kann ein solcher von Insektenmuskeln angetriebener Mikroroboter sich langsam, aber stetig vorwärtsrobben.

Gesteuert wird dieses Biohybrid-System rein chemisch, über die Konzentration des Insektenhormons CCAP (Crustacean CardioActive Peptide – wie der Name andeutet, wurde es zuerst in Krebstieren entdeckt, ist aber auch bei Insekten weit verbreitet und spielt dort eine wichtige Rolle). Die Arbeitsgruppe konnte auch zeigen, dass das analoge Muskelgewebe der Fliege durch Optogenetik gesteuert werden kann, also durch das genetische Einschleusen eines durch Licht aktivierten molekularen Schalters. Damit eröffnet sich für zukünftige Projekte auch die Perspektive eines durch Licht gesteuerten Biohybrid-Roboters.

Ein medizinisch wichtiges Einsatzgebiet für Biohybride auf der Organismenebene bieten die Exoskelette für Patienten mit Gliederlähmungen. Mehrere solche Geräte sind bereits kommerziell erhältlich, darunter auch eins, das im Prinzip mit den Hirnwellen des Besitzers, also letztendlich durch dessen Gedanken gesteuert werden kann. Bisher können solche Gerätschaften mit der vielseitigen Beweglichkeit der gesunden menschlichen Gliedmaßen nicht konkurrieren. Sie kommen allerdings sowohl in der Rehabilitationsmedizin als auch als Bewegungsoption für Patienten, die sonst auf den Rollstuhl angewiesen wären, zunehmend zum Einsatz.

Hybridisierung kann man sich natürlich auch auf einer noch höheren Ebene vorstellen: auf der gesellschaftlichen. Wenn eines Tages menschenähnliche Roboter in großer Zahl sich in unsere Gesellschaft einfügen, dann wissen wir, dass auch diese Stufe erreicht wurde – wenn wir auch vielleicht nicht unbedingt mit den Konsequenzen dieser Entwicklung einverstanden sein werden.

Bisher befassen sich Forscher, die sich für diese Ebene der Hybridisierung interessieren, allerdings überwiegend mit einfacheren Kreaturen wie Bienen oder Fischen. Das von der EU geförderte ASSISI-Programm (Animal and robot Societies Self-organise and Integrate by Social Interaction) versucht zum Beispiel, kleine Roboter in die Gesellschaftsstrukturen eines Bienenstaates einzuschmuggeln.

Ironischerweise ist die Hardware, die man benötigt, um das Sozial-verhalten der Bienen zu simulieren, heute noch so schwer, dass die Roboterbienen nicht fliegen können – es handelt sich bisher um rein stationäre Robobienen [157]. Etwas einfacher gestaltet sich die Situation für die Eingliederung von Robofischen in Fischschwärme. Andere Forscher hinwiederum versuchen, Ratteneltern ein künstliches Rat-tenkind unterzuschmuggeln [158], um die sozialen Beziehungen im engsten Familienkreis zu untersuchen.

Der Trend geht also weiterhin zu einer Verschmelzung und Vermi-schung von biologischen und technologischen Funktionen auf allen Ebenen. Wo ein Bedarf für Roboterhilfe auftaucht – etwa wenn die explodierenden Kosten der Altenpflege anders nicht mehr zu bewäl-tigen sind – ist es jetzt möglich, angemessene Angebote zu entwi-ckeln. Descartes glaubte noch, dass wir nur Maschinen seien, doch die Einblicke in die Komplexität des Lebens ließen die Entwicklung vergleichbarer Technologien hinter sich. Jetzt beginnt die Technik al-lerdings aufzuholen, und so werden wir im Umkehrschluss bald ler-nen mussen, Maschinen als eigenständige Wesen zu betrachten.

Leben simulieren

Als Vorstufe, wenn wir biologische Funktionen noch nicht nach-bauen können, bietet sich heute die Simulation im Computer an, ei-ne Vorgehensweise, die in der Systembiologie (siehe Abschnitt »Aus-einandernehmen und Zusammenbauen« in Kapitel 1) große Erfolge gezeitigt hat. Die allergrößte Herausforderung für Simulationen – zu-mindest im uns bekannten Teil des Universums – ist das menschliche Gehirn. Grobe Schätzungen besagen, dass man zur Simulation un-serer Hirnfunktion die Leistung eines handelsüblichen Laptops pro Nervenzelle benötigt, und davon gibt es mehrere Milliarden.

Die Arbeitsgruppe von Henry Markram an der Ecole Polytechnique Fédérale de Lausanne (EPFL) in Lausanne in der Schweiz peilt schon seit Längerem dieses äußerst ehrgeizige Ziel an. Das Projekt namens »Blue Brain« geht auf einen Vertrag aus dem Jahre 2005 zwischen EPFL und dem Computerhersteller IBM zurück, der die Installation eines IBM-Supercomputers BlueGene an Markrams Arbeitsplatz vor-sah.

Zunächst beschränkte sich die Forschung auf eine kleine Funktionseinheit des Gehirns, eine sogenannte corticale Säule. Eine solche Säule enthält größenordnungsmäßig 10 000 Neuronen, die einer gemeinsamen Aufgabe dienen. Zunächst modellierten die Forscher eine solche Säule aus dem Gehirn einer Ratte, was ihnen 2007 gelang. Seit 2010 haben sie sich ganz dem menschlichen Gehirn zugewandt. Im Januar 2013 erhielt das Projekt einen von zwei Forschungsgrants von der EU, die mit jeweils knapp einer Milliarde Euro für zehn Jahre Laufzeit großzügig genug ausgestattet sind, um auch größenwahnsinnige Projekte anzukurbeln.

Im Rahmen des EU-Projekts wird Markrams Team mit zahlreichen anderen Arbeitsgruppen in verschiedenen EU-Ländern zusammenarbeiten. Unter den Partnern findet sich zum Beispiel auch das Projekt »Alya Red« aus Barcelona, das Anfang 2013 mit einer Computersimulation des menschlichen Herzen Aufsehen erregte.

In vorläufigen Studien zur Vorbereitung des Großprojekts hat Markrams Arbeitsgruppe untersucht, wie das Verbindungsnetzwerk zwischen Nervenzellen entsteht. Wissenschaftler streiten schon lange darüber, und es gibt ein breites Spektrum von Ansichten von völligem Determinismus, der durch chemische Signale umgesetzt wird, bis hin zum reinen Zufall der räumlichen Nähe und Begegnungswahrscheinlichkeit.

»Blue Brain« simulierte neuronale Netzwerke aus 298 Neuronen, ausgehend von Beobachtungen an lebenden Säugerhirnen. Die Forscher erlaubten diesen simulierten Neuronen, selbständig Verbindungen zu bilden, und verglichen die entstehenden Muster dann mit denen aus echten Gehirnen. Sie fanden, dass das Computermodell rund drei Viertel der Verbindungen richtig vorhersagte, und schlossen daraus, dass die räumliche Anordnung und Begegnungswahrscheinlichkeit der Neuronen die wichtigsten Einflüsse bei der Ausbildung von Verbindungen sind [159].

Dieses Ergebnis passt auch mit der Beobachtung zusammen, dass die Verbindungsmuster des Gehirns Verletzungen überstehen können und dass sie sich bei verschiedenen Individuen ähneln. Auch für die scheinbar unüberwindbare Herausforderung der Computersimulation eines ganzen Gehirns bedeutet diese Erkenntnis womöglich einen entscheidenden Durchbruch. Wenn sich die »richtigen« Verbindungen praktisch von alleine bilden, ohne äußere Hilfe, dann reduziert das die Komplexität der Aufgabe um Größenordnungen. Die

Modellierer müssten dann nur die Nervenzellen in Position bringen und könnten die Herstellung der Verknüpfungen dem Modell selbst überlassen. Was sie als Ausgangspunkt benötigen, wäre demnach lediglich ein Atlas mit den Positionen der Neuronen, ohne deren Verknüpfungen. Ein solcher Atlas wurde bereits für die Maus erstellt (siehe Kapitel 20), die Version für das menschliche Gehirn ist in Vorbereitung.

Dennoch bleibt das Vorhaben eine gewaltige Herausforderung. Wenige Monate nach der Verkündung der EU-Förderung für das Projekt schickten auch die USA ein ähnliches Projekt mit dem Titel »Brain Activity Map« ins Rennen.

33
Eine Zivilisation am Abgrund?

Große Zivilisationen der Vergangenheit scheiterten an den Folgen des Raubbaus an ihren natürlichen Ressourcen und ihrer Unfähigkeit, sich an die daraus resultierenden Veränderungen der Lebensbedingungen anzupassen. Steht unserer globalen Zivilisation ein ähnliches Schicksal bevor?

Der Übergang vom Steinzeitmenschen zur modernen Zivilisation fand im Holozän statt. Die daran anschließende Epoche der Erdgeschichte wird von vielen Wissenschaftlern bereits als das Anthropozän bezeichnet, weil Veränderungen in der Zusammensetzung der Atmosphäre, der Gewässer, der Erdkruste, sowie die Population der Lebewesen vor allem durch menschliche Aktivitäten geprägt wird.

Im zweiten Teil dieses Buches haben wir bezüglich der Ökologie unserer Biosphäre zwar einige Hoffnungsschimmer vermelden können, mussten uns aber überwiegend mit Hiobsbotschaften auseinandersetzen. Die Ozeane versauern, die Eiskappen schmelzen, die Korallenriffe sterben ab, der Regenwald wird abgeholzt, und die Artenvielfalt schwindet schneller dahin als in den aus Fossilienfunden bekannten früheren Massensterben.

Viele ökologische Probleme kann man im Kleinen vor Ort lösen, solange der Wille dazu vorhanden ist, doch auf globaler Ebene stellt sich die Frage: ist die rücksichtslose Ausbreitung menschlicher Wirtschaftsinteressen ökologisch mit dem Überleben der bisher vorherrschenden Artenvielfalt vereinbar? Und wenn wir die Mehrzahl der Arten ausgerottet haben, werden wir ihnen dann ins Grab folgen? Ist das Anthropozän letztendlich ein globales Selbstmordkommando?

In den Jahren um die vergangene Jahrtausendwende gab es viele düstere Prophezeiungen – nicht nur von Spinnern und Zahlenmagiern, sondern auch von angesehenen Wissenschaftlern. Der prominente britische Astronom und Kosmologe Martin Rees verfasste zu jener Zeit ein Buch, das im Jahre 2003 mit dem wenig aufmunternden Titel erschien: *Our Final Century*.

Rees betrachtete das Schicksal der Menschheit im kosmischen Kontext. Gelingt es unserer Zivilisation, die Entwicklungsstufe von Raumfahrt und Massenvernichtungswaffen zu überleben, so könnte sie in Zukunft Weltraumkolonien gründen und somit dem auf der Erde entstandenen Leben eine dauerhafte Präsenz im Universum verschaffen, auch über den spätestens in fünf Milliarden Jahren anstehenden Untergang unseres Heimatplaneten hinaus. Zerstören wir uns hingegen selbst, dann bleibt das Universum womöglich größtenteils leblos. Wie bereits Carl Sagan angemerkt hatte, könnte es eine grundsätzliche Schwäche fortgeschrittener Zivilisationen sein, dass ihre Technik eher zur Selbstzerstörung als zur die Besiedelung des Weltraums führt. Denken Sie nur daran, wie viele Raketen für militärische Zwecke gebaut wurden, und wie wenige für die Erforschung des Weltraums. Rees schätzt beide Möglichkeiten als gleich wahrscheinlich ein – er gesteht der Menschheit eine 50-prozentige Chance zu, dass sie das Ende des 21. Jahrhunderts ohne einen Kollaps oder erheblichen Rückschlag erreicht.

Mit dem Kollaps komplexer Gesellschaften der Vergangenheit haben sich Anthropologen bereits ausgiebig beschäftigt. Jared Diamond hat die Erkenntnisse in seinem Buch *Kollaps: Warum Gesellschaften überleben oder untergehen* insbesondere im Hinblick auf die Rolle von Umweltkrisen und die Reaktion auf diese diskutiert. Immer mit Blick auf die vielfachen, miteinander vernetzten Umweltprobleme, denen wir heute gegenüberstehen, argumentiert Diamond, dass Gesellschaften, die ihre Lebensweise schnell genug anpassen, die Krise überleben können. Andere kollabieren, wie etwa die Wikinger-Kolonien in Grönland, die Maya und die Bevölkerung der Osterinseln.

Auch Biologen wie etwa E.O. Wilson haben wiederholt vor den katastrophalen Folgen gewarnt, welche der Verlust der Artenvielfalt für die ganze Menschheit haben wird. Als dienstälteste Kassandra in diesem Bereich gilt allerdings der amerikanische Ökologe Paul Ehrlich, der bereits 1968 vor der Übervölkerung der Erde und den damit zusammenhängenden Umweltproblemen warnte (nicht zu verwechseln mit dem deutschen Mediziner Paul Ehrlich, 1854–1915). Seitdem hat sich die Weltbevölkerung nochmals verdoppelt.

Ehrlich, der durch sein 1968 erschienenes Buch *The Population Bomb* schlagartig berühmt wurde, hatte zunächst Einfluss auf beiden

Seiten des politischen Spektrums. US-Präsident Richard Nixon gründete 1970 die Umweltbehörde EPA (Environmental Protection Agency) mit Unterstützung beider Parteien, und Jimmy Carter ließ sich von Ehrlich und anderen Pionieren der Umweltbewegung beraten.

Doch dann kam Ronald Reagan und versprach der US-Bevölkerung eine Rückkehr zum Land der unbegrenzten Möglichkeiten. Er wischte alle Bedenken über die »Grenzen des Wachstums« (vor denen der gleichnamige Bericht des Club of Rome gewarnt hatte) und die Bestrebungen zu umweltgerechtem und nachhaltigem Wirtschaften beiseite – und er gewann damit die Präsidentschaftswahl. Seit jener Zeit herrscht in den USA die fatale Sichtweise vor, dass der Umweltschutz nur die Linken interessiert. Politiker der Republikaner ignorieren gerne die Warnungen der Wissenschaft und halten sich lieber an die vorherrschende Auffassung der Wirtschaftswissenschaften, nach denen die Märkte alle Probleme schon von selbst lösen werden.

Paul Ehrlich ist ein halbes Jahrhundert lang seinem Standpunkt treu geblieben, dass das Bevölkerungswachstum und die Begrenztheit der natürlichen Ressourcen schon bald zum Ende unserer Zivilisation führen werden. Einige seiner pessimistischen Prognosen aus den 1960er-Jahren sind zum Glück nicht eingetreten. Dies mag man aber rhetorischer Übertreibung zuschreiben, die auch seinen Gegnern nicht fremd war. Der Wirtschaftswissenschaftler Julian Simon (1932–1998) ließ sich zu der Behauptung hinreißen, dass das Bevölkerungswachstum noch Milliarden Jahre weitergehen könne. Jeder, der exponentielles Wachstum versteht, kann sich leicht überlegen, dass die von Simon prognostizierte Bevölkerungsentwicklung schon in wenigen Jahrtausenden die Zahl der Atome im Universum übersteigen würde.

Von solchen Übertreibungen einmal abgesehen bleibt aber Ehrlichs Argument, dass der verschwenderische Lebensstil der westlichen Zivilisation auf Dauer nicht aufrecht zu erhalten ist, nach wie vor gültig, wenn sich auch die Details gewandelt haben. Ehrlich glaubte zunächst, dass Rohstoffe wie Kupfer, Nickel und Zinn knapp werden würden – über diese Prognose verlor er eine Wette gegen Julian Simon. Heute bereiten uns geophysikalische Veränderungen wie die veränderte Zusammensetzung der Atmosphäre und der Verlust der Eiskappe der Arktis mehr Sorgen als der Nachschub an Erzen.

Jared Diamond führte gleich ein Dutzend Probleme auf, die zum Untergang unserer Zivilisation führen könnten. Und um die Lage noch zu verschlimmern, beeinflussen viele dieser Probleme einander gegenseitig. Auf Diamonds Liste finden sich vier Verluste von Ressourcen (Lebensraum, Artenvielfalt, Fischbestände, Boden), drei Obergrenzen (Energieverbrauch, Trinkwasserverbrauch, Produktionskapazität von Pflanzen), drei Dinge, die wir der Umwelt hinzufügen (Chemikalien, Neobiota, Gase) und zwei Bevölkerungsprobleme (Zahl der Menschen und der ökologische Fußabdruck der Individuen).

Andere Wissenschaftler, die sich ebenso große Sorgen um die Zukunft der Menschheit machen, konzentrieren sich oft nur auf einen oder einige dieser Aspekte, wobei der Klimawandel heutzutage das am meisten diskutierte Sorgenkind ist. Man könnte das Geflecht der globalen Probleme auch aus anderen Blickwinkeln betrachten oder umgruppieren, etwa mit Hinblick auf biogeochemische Kreisläufe der biologisch wichtigen Elemente Kohlenstoff, Stickstoff und Phosphor – es bleibt aber auf jeden Fall der Eindruck, dass wir vor einem vertrackten Komplex von Problemen stehen.

Eine weitere aufschlussreiche Sichtweise sei hier abschließend noch erwähnt, nämlich die physikalische. Zivilisationen, die sich in unablässigem Wachstum befinden, benötigen auch immer mehr Energie. Der Untergang des Römischen Reichs liefert hier einen interessanten Präzedenzfall. Zwar gibt es über 200 verschiedene Theorien über die Ursachen seines Niedergangs, aber der fundamentale Konstruktionsfehler in der Energieversorgung der römischen Zivilisation hat mit Sicherheit wesentlich dazu beigetragen. Die gesamte mechanische Energie, welche die Römer zum Errichten ihrer monumentalen Bauwerke und vorbildlichen Infrastruktur benötigten, wurde von Lebewesen erzeugt, nämlich von Sklaven und Zugtieren. Und diese gewannen ihre Arbeitsenergie aus ihrer Nahrung, also hauptsächlich Getreide. Solange sich das Reich ausdehnte, wurden neue Sklaven und neue Flächen für den Getreideanbau erbeutet, und die Energiebilanz stimmte zunächst – scheinbar.

Mit zunehmender Größe des Reiches wurde aber der Transport des Getreides aus entlegenen Gebieten immer aufwendiger, und es wurde immer schwieriger, die Transportwege militärisch zu schützen. Und nach Abschluss der erfolgreichen Eroberungsfeldzüge wurden auch die Sklaven knapp. Die Kosten dieser Energieversorgung wuchsen offenbar schneller als die Größe des Reiches, und das konnte auf Dauer nicht gut gehen.

Rein theoretisch, im Reich der spekulativen Geschichte nach dem Motto »was wäre, wenn«, hätten die Römer primitive Formen der Dampfmaschine bauen können und ihre mechanische Arbeit sehr viel kosteneffizienter gewinnen können. Bereits im ersten Jahrhundert nach Christus existierten alle Bauelemente, die sie für eine Dampfmaschine benötigt hätten. Doch allein die Idee, eine Maschine zur Verrichtung mechanischer Arbeit zu bauen, kam anscheinend niemandem in den Sinn. Zu diesem Zweck hatten sie ja die Sklaven.

In seinem 2012 erschienenen Buch *Superfuel* benutzt Richard Martin das Beispiel der römischen Energiekrise als Parallele zu unserer eigenen Abhängigkeit von fossilen Brennstoffen und einer schmutzigen Art der Kernkraft, die eigentlich unter rein militärischen Aspekten entwickelt wurde. Der heute noch vorherrschende Reaktortyp beruht auf einem Modell, das für U-Boote gedacht war, und die Benutzung von Uran als Rohstoff kam dem Bedürfnis der Militärs nach dem Abfallprodukt Plutonium entgegen. Ohne diese Randbedingungen wäre die Entwicklung von Thorium-Reaktoren sinnvoller gewesen – diese können ihr Brennmaterial aufbrauchen und erzeugen somit keinen auf Ewigkeiten strahlenden Atommüll.

Doch eine generelle Abkehr der westlichen Zivilisation von fossilen Brennstoffen und Uran ist – vom Sonderfall der deutschen Energiewende abgesehen – noch lange nicht in Sicht. Im Jahre 2013 gab die britische Regierung zum Beispiel den Weg für einen neuen Atommeiler mit der alten, schmutzigen Technik frei und setzte sich enthusiastisch für das Fracking (hydraulisches Aufbrechen von Gesteinsformationen zur Erdgasförderung) auf britischem Boden ein, wobei sie gleichzeitig die Förderung für erneuerbare Energien zusammenstrich.

Paul Ehrlich wurde unterdessen in die Londoner Royal Society aufgenommen und erhielt damit eine Einladung, seine Botschaft neu zu formulieren. In seinem Antrittsbeitrag in den Annalen der Gesellschaft [160] stellt er zusammen mit seiner Frau und langjährigen Mitarbeiterin, der Sozialwissenschaftlerin Anne Ehrlich, die Frage: »Lässt sich der Kollaps der globalen Zivilisation noch vermeiden?«

Paul und Anne Ehrlich setzen es als eindeutig erwiesene Tatsache voraus, dass wir uns geradlinig auf einen Kollaps zubewegen. Objektive Indikatoren wie der schwindende Nutzen zusätzlicher Investitionen in Komplexität sind bereits erfüllt. Dieses Kriterium stammt aus einer einflussreichen Studie von Joseph Tainter von 1988. Man könnte es quantitativ mit Zahlen aus der Wirtschaftsentwicklung durchexerzieren, aber rein qualitativ lässt sich derselbe Trend auch daran ablesen, dass wir immer stärkere Computer brauchen, deren Kapazität von immer aufwendigerer Software aufgefressen wird, und die wir letztendlich dazu benutzen, um lustige Videos von Katzen auszutauschen.

Die Ehrlichs beschreiben die Aufgabe, einen Zusammenbruch der Gesellschaft abzuwenden als die größte Herausforderung unserer Zeit. Um die Aufgabe ein wenig zu erleichtern, haben sie eine Liste mit Zielen erstellt, die wir bis 2050 erreichen sollten, wenn wir (bzw. unsere Kinder und Enkel) das Ende des Jahrhunderts noch erleben wollen. Wir sollten demnach den Verbrauch fossiler Brennstoffe mindestens halbieren, die Versorgungsnetzwerke für Lebensmittel und Trinkwasser anpassungsfähiger gestalten, den Missbrauch von Antibiotika in der Landwirtschaft verbieten, sowie, auf humane Weise, versuchen den Zuwachs der Weltbevölkerung so zu bremsen, dass die Gesamtzahl deutlich unter 10 Milliarden bleibt – dies ist die Zahl, die viele als Höhepunkt der Entwicklung für die zweite Hälfte des 21. Jahrhunderts vorhersagen.

Der richtige Zeitpunkt, unsere Gesellschaft dementsprechend umzubauen, ist jetzt, warnen die Autoren. Wenn wir es nicht in Angriff nehmen, dann wird die Natur die Umstrukturierung der Gesellschaft übernehmen. Sie räumen ein, dass einige einflussreiche gesellschaftliche Kräfte und Trends einem Umbau entgegenwirken werden, darunter zum Beispiel die massiven wirtschaftlichen Interessen, die mit den fossilen Brennstoffen verflochten sind.

Ein weiteres Problem ist der gegenwärtige Trend der »Verfinsterung« (endarkenment) – also dem Gegenteil einer Aufklärung, wie Europa sie zum Beispiel in der Renaissance erlebte. Dazu zählen die Autoren den wachsenden Einfluss orthodoxer Religionsauffassungen, welche die Werte der Aufklärung wie Gedankenfreiheit, Demokratie, Trennung von Kirche und Staat, sowie die Entscheidungsfindung nach empirischen Kriterien einfach ablehnen.

Dieser Trend erschwert auch den strategisch wichtigsten Schritt zur Abwendung eines Zusammenbruchs der Zivilisation, nämlich die konstruktive internationale Zusammenarbeit. Die Art von Kooperation, die wir jetzt benötigen, hat bisher nur einmal geklappt, nämlich bei der Erstellung des Protokolls von Montreal, das die Abschaffung der Fluorchlorkohlenwasserstoffe erzwang und damit die Ozonschicht rettete.

Seitdem haben die regelmäßig stattfindenden Klimakonferenzen es nicht geschafft, eine vergleichbare Maßnahme gegen die Anreicherung von Kohlendioxid in der Atmosphäre durchzusetzen. Auch der Entwaldung unseres Planeten können wir offenbar nicht Einhalt gebieten. Bei einigen der anderen dringenden Probleme gibt es noch nicht einmal den Versuch einer internationalen Zusammenarbeit – man denke nur an das Phosphorproblem (siehe Kasten am Ende von Kapitel 5).

Dabei sind die wissenschaftlichen Grundlagen der Kassandrarufe inzwischen so eindeutig, dass es keine rationalen Gründe gibt, so weiterzumachen wie bisher. Auch an der Kommunikation hapert es nicht. Spätestens seit Al Gores Film »Eine unbequeme Wahrheit« hat jeder Erdbewohner, der ein bisschen Einfluss oder Verantwortung hat, von unserer katastrophalen Lage gehört. Es ist auch (hoffentlich) noch nicht ganz zu spät. Rein technisch, meinen zumindest die Ehrlichs, könnten wir das Raumschiff Erde bis 2050 auf einen neuen Kurs bringen, der uns nicht in den Untergang führt. Aber genauso hätten die Römer sich auch neue Technologien erschließen können, um ihre Krise zu überwinden.

Die wissenschaftlichen Grundlagen, die Öffentlichkeitsarbeit, und die technische Machbarkeit sind da, wenn sich also trotzdem nichts (oder zumindest noch lange nicht genug) bewegt, dann muss es wohl an der Psychologie des Menschen liegen. Die Erdbevölkerung ist immer noch im Stammesdenken aus der Urzeit verhaftet. Wir helfen einander innerhalb unseres eigenen Stamms und stehen in Konkurrenz zu (wenn nicht gar im Kriegszustand mit) den anderen Stämmen.

Nur eine Bedrohung von außen, etwa ein Angriff von Außerirdischen, könnte die Menschheit zu einem globalen Stamm zusammenschweißen, glauben Psychologen. Inwieweit eine globale Bedrohung wie der Klimawandel eine ähnliche Verbindung herstellen kann, ist noch unklar. Es klappte gerade noch mit dem Ozonloch, aber das war, wenn auch wissenschaftlich und abstrakt, ein greifbareres Problem als die schleichenden Verschiebungen im Klima, das sowieso immer schwankende Messdaten liefert.

Problematisch sind auch die Zeitskalen. Umweltveränderungen werden meist im Zeitmaßstab von Jahrzehnten beobachtet, weil Unterschiede von einem Jahr zum nächsten in den natürlichen Schwankungen untergehen. Entscheidungen in demokratischen Regierungssystemen und in Aktiengesellschaften fallen hingegen im Hinblick auf viel kurzfristigere Ziele.

Sollten sich Regierungen und Unternehmen doch aufraffen, dramatische Kursänderungen vorzunehmen, so würden die Kosten jetzt sofort zu Buche schlagen, während die Vorteile (oder besser: das Ausbleiben der andernfalls eintretenden Nachteile) erst in zehn oder 20 Jahren beginnen spürbar zu werden. So erklärt sich die Bereitschaft der Politik und Geschäftswelt, das Wohlergehen einer zukünftigen Weltbevölkerung hintanzustellen und sich nur um die kurzfristigen Gewinne zu kümmern, die wir aus dem Weiterführen des ungebremsten Wachstums jetzt noch ableiten können.

Das alles läuft darauf hinaus, dass unser menschlicher Verstand, dessen Evolution von dem Leben in kleinen Gruppen und in den natürlichen Rhythmen von Jahreszeiten geprägt wurde, womöglich an der Aufgabe scheitern wird, eine Weltbevölkerung von sieben Milliarden von einem Weg abzubringen, der auf der Zeitskala von Jahrzehnten in den Untergang führt.

Die Ehrlichs und die anderen bisher zitierten Mahner schließen ihre Warnungen jeweils mit einer schwachen Hoffnung, dass eine Umkehr doch noch in letzter Minute möglich ist. Ein Autor ist da schon weiter – Jeremy Leggett baut auf den Wiederaufbau nach dem unvermeidlichen Kollaps unserer Energie- und Finanzsysteme. Leggett begann seine Laufbahn als Geologe für die Ölindustrie, stieg aber schon 1989 aus dem Ölgeschäft aus, da er einsah, dass ein grenzenloses Weiterwachsen der Ölproduktion unmöglich war und unsere Abhängigkeit von fossilen Brennstoffen katastrophale Klimaverschiebungen bewirkte. Als Alternative gründete er eine Firma, die Solarzellen herstellt, SolarCentury.

Nebenbei schreibt Leggett auch fleißig über die Energiewirtschaft. In seinem neuesten Buch *Energy of Nations* (2014), erzählt er chronologisch die Entwicklung von Energie- und Finanzwirtschaft in den Jahren 2004 bis 2013. Stand die Welt im Jahr 2003 am Abgrund, so kann man aus seinem Bericht schließen, dann sind wir heute schon einen Schritt weiter. So wie zahllose Zeichentrickfiguren, die über eine Klippe laufen und dann solange schwerelos in der Luft hängen, bis es ihnen auffällt, dass sie keinen Boden mehr unter den Füßen haben, so steht auch unsere energiehungrige Gesellschaft vor einem unvermeidlichen Absturz. Wir haben es bloß noch nicht gemerkt, oder wir sind zu sehr damit beschäftigt, es zu leugnen.

Leggetts parallele Handlungsstränge der Finanzkrise und der Turbulenzen im Ölgeschäft machen eines sehr deutlich: Wenn die bis 2007 vor Selbstbewusstsein nur so strotzende Finanzwelt Risiken – die uns heute nur zu gut bekannt sind – ausblenden und blind in ihr Verderben rennen konnte, wer kann uns dann garantieren, dass die Energiewirtschaft nicht dasselbe tut?

Leggett wirft den Energiekonzernen und Regierungen vor, dass sie fünf große Risikokomplexe übersehen, die das ganze System zum Einsturz bringen können, nämlich die Möglichkeit einer neuen Finanzkrise, eine Ölkrise, Folgeschäden des Klimawandels, Abschreibungen von Investitionen in fossile Brennstoffe, die wir aus Klimaschutzgründen nicht mehr verbrennen können, sowie eine Spekulationsblase auf der Grundlage des Fracking und anderer »unkonventioneller« fossiler Brennstoffe, die dann platzt, weil diese Rohstoffquellen nicht so schnell liefern können wie die Wirtschaft den Treibstoff verbraucht.

Dieser Überblick über die Ereignisse, die wir alle in den vergangenen zehn Jahren in der Zeitung gelesen, aber am nächsten Tag schon wieder verdrängt haben, ist sehr aufschlussreich, aber auch zutiefst deprimierend. In einem kurzen Ausblick auf die Zukunft am Schluss seines Buches spekuliert Leggett dann darüber, welches dieser Damoklesschwerter uns zuerst auf den Kopf fallen wird. Die dünnsten Fäden, so glaubt er, haben die Finanz- und die Ölindustrie, die sich natürlich auch gegenseitig beeinflussen. Je nachdem, welche von beiden zuerst scheitert, könnte es eine große Ölkrise geben, die automatisch eine Finanzkrise auslösen würde, oder aber eine neue Finanzkrise, die ihrerseits, da sie das Wirtschaftswachstum blockieren würde, die Ölkrise noch einige Jahre hinauszögern würde und uns noch ein wenig mehr Zeit geben würde, auf alternative Energien umzustellen – obwohl es dann natürlich nirgendwo Kredite für die nötigen Investitionen geben würde. Von diesen beiden Krisenszenarien hält Leggett das letztere, also Finanzkrise verzögert Ölkrise, für das wahrscheinlichere, und er vermutet, dass es bereits 2014 oder 2015 eintreten könnte.

Trotz dieser düsteren Prognosen schafft Leggett es noch, genug Optimismus für ein positives Szenario für die Zeit nach dem Zusammenbruch aufzubringen. An Beschreibungen, was schlimmstenfalls passieren kann, fehlt es ja nicht, da kann man zum Beispiel Cormac McCarthys Roman *Die Straße* konsultieren, oder einen der zahlreichen Filme der vergangenen Jahre anschauen. In seiner Vision einer »Renaissance« nach der Krise geht Leggett hingegen davon aus, dass die akute lebensbedrohliche Situation endlich die Menschheit in dem Bestreben einigt, eine bessere, nachhaltigere Wirtschaft zu entwickeln. Wir können nur hoffen, dass das auch klappt.

Die größte Herausforderung

Lebewesen sind vermutlich die komplexesten Gebilde, die unser Universum hervorgebracht hat. Allein ihre (und unsere) funktionelle Architektur ist sehr viel trickreicher als die Sterne und Planeten. Und darüber gelagert finden wir noch eine weitere Schicht von Schwierigkeiten, im Zusammenleben zwischen Individuen, Gruppen, Arten.

Wie wir in im dritten Teil des Buches gesehen haben, und wie natürlich auch in zahllosen anderen Quellen nachzulesen ist, hat die Wissenschaft spektakuläre Fortschritte beim Verständnis der Komplexität des Lebens auf der Organismenebene gemacht, wobei sie sich zunehmend auch auf immer tiefere Einblicke in die Zellbiologie stützen kann, sodass ein holistisches, mehrere Stufen vereinigendes Gesamtbild im Sinne der Systembiologie entsteht.

Auch auf dem nächsthöheren Niveau, dem der Ökologie, haben wir viel gelernt, siehe Teil II. Wenn auch nicht bis ins letzte Detail, so wissen wir doch schematisch, wie Arten entstehen, zusammenleben und letztendlich aussterben.

Es ist allerdings sehr bedenklich, dass all diese wissenschaftlichen Einsichten die Menschheit bisher nicht davon abgehalten haben, den Weg weiterzugehen, der voraussichtlich zum dramatischsten Artensterben aller Zeiten und vielleicht auch zum Ende unserer Zivilisation führt.

Womöglich sind wir selbst, als bloße Tiere, zu sehr in unserem instinktiven Verhalten der kurzfristigen Überlebensinstinkte und des Herdentriebs gefangen, um die Maßnahmen zu ergreifen, die für das Weiterleben auf der Erde erforderlich sind.

Das Leben auf der Erde ist eine faszinierende Blüte, die das Universum hervorgebracht hat, aber vielleicht ist es aufgrund unserer psychologischen Unzulänglichkeit auf Dauer zum Scheitern verurteilt.

Vielleicht ist diese kosmische Herausforderung, die wir überwinden müssten, um das Leben auf Dauer im Universum zu etablieren, einfach zu groß für unseren Verstand, der für sehr viel einfachere Probleme evolvierte. Aber schade wär's doch.

Literaturverzeichnis

1 Groß, M. (2012) *Von Geckos, Garn und Goldwasser*, John Wiley & Sons.

2 Bebber, D.P. *et al.* (2010) *Proc. Natl. Acad. Sci. USA*, **107**, 22169.

3 Benjamin, A. und McCallum, B. (2009) *Welt ohne Bienen: Wie das Sterben einer Art unsere Zivilisation bedroht*, Fackelträger-Verlag.

4 Johnson, R.M. *et al.* (2009) *Proc. Natl. Acad. Sci. USA*, **106**, 14790.

5 Alaux, C. *et al.* (2010) *Environ. Microbiol.*, **12**, 774.

6 Cameron, S.A. *et al.* (2011) *Proc. Natl. Acad. Sci. USA*, **108**, 662.

7 Henry, M. *et al.* (2012) *Science*, **336**, 348.

8 Willamson, S. und Wright, G. (2013) *J. Exp. Biol.*, **216**, 1799.

9 Palmer, M.J. *et al.* (2013) *Nat. Commun.*, **4**, 1634.

10 Mao, W. *et al.* (2013) *Proc. Natl. Acad. Sci. USA*, **110**, 8842.

11 Gill, R.J., Ramos-Rodriguez, O. und Raine, N.E. (2012) *Nature*, **491**, 105–108.

12 Cresswell, J.E. *et al.* (2012) *Zoology*, **115**, 365.

13 Cresswell, J.E., Robert, F.-X.L., Florance, H. und Smirnoff, N. (2014) *Pest Manage. Sci.*, **70**, 332–337, doi: 10.1002/ps.3569.

14 UNEP (2014) UNEP report »Global bee colony disorders and other threats to insect pollinators«, http://www.unep.org/dewa/Portals/67/pdf/Global_Bee_Colony_Disorder_and_Threats_insect_pollinators.pdf, letzter Zugriff: 5. April 2014

15 Simons, S.B. *et al.* (2012) *Nat. Neurosci.*, **15**, 23.

16 Wright, G.A. *et al.* (2013) *Science*, **339**, 1202.

17 Wittmer, H. und Gundimeda, H. (Hrsg.) (2012) *The Economics of Ecosystems and Biodiversity in Local and Regional Policy and Management*, Routledge;
Bishop, J. (Hrsg.) (2011) *The Economics of Ecosystems and Biodiversity in Business and Enterprise*, Routledge;
ten Brink, P. (Hrsg.) (2011) *The Economics of Ecosystems and Biodiversity in National and International Policy Making*, Routledge;
Kumar, P. (Hrsg.) (2010) *The Economics of Ecosystems and Biodiversity: Ecological and Economic Foundations*, Routledge.

18 World Business Council for Sustainable Development (Hrsg.) (2014) www.wbcsd.org/bet.aspx, letzter Zugriff: 5. April 2014.

19 Dickman, A.J., Macdonald, E.A. und Macdonald, D.W. (2011) *Proc. Natl. Acad. Sci. USA*, **108**, 13937.

20 Rockström, J. *et al.* (2009) *Nature*, **461**, 472.

21 Erisman, J.W. *et al.* (2011) *Curr. Opin. Environ. Sustain.*, **3**, 281.

22 Bouwman, A.F. *et al.* (2013) *Phil. Trans. Roy. Soc. Lond.*, **368**, 112.

23 Billen, G., Garnier, J. und Lassaletta, L. (2013) *Phil. Trans. Roy. Soc. Lond.*, **368**, 123.

Invasion der Waschbären Erste Auflage. Michael Groß.
© 2014 WILEY-VCH Verlag GmbH & Co. KGaA.

24 Voss, M. *et al.* (2013) *Phil. Trans. Roy. Soc. Lond.*, **368**, 121.

25 Elser, J.J. (2012) *Curr. Opin. Biotechnol.*, **23**, 833.

26 http://eu.earthwatch.org/ expeditions/carnivores-of-madagascar

27 http://eu.earthwatch.org/ expeditions/before-and-after-in-belize-testing-a-marine-reserve

28 Şekercioğlu, C.H. *et al.* (2011) *Biol. Conserv.*, **144**, 2752.

29 Şekercioğlu, C.H., Anderson, S., Akçay, E. und Bilgin, R. (2012) *Science*, **334**, 1637.

30 Wylezich, C. und Jürgens, K. (2011) *Environ. Microbiol.*, **13**, 2939.

31 Wang, Y., Zhang, J., Feeley, K., Jiang, P. und Ding, P. (2009) *Anim. Conserv.*, **12**, 329.

32 Gibson, L. *et al.* (2013) *Science*, **341**, 1508.

33 Roura-Pascual, N. *et al.* (2011) *Proc. Natl. Acad. Sci. USA*, **108**, 220.

34 Smith, C.D. *et al.* (2011) *Proc. Natl. Acad. Sci. USA*, **108**, 5673.

35 Sol, D. *et al.* (2012) *Science*, **337**, 580.

36 Medlock, J.M. *et al.* (2012) *Vector-Borne Zoonotic Dis.*, **12**, 435.

37 Beltrán-Beck, B. *et al.* (2012) *Eur. J. Wildl. Res.*, **58**, 5.

38 O'Brien, S.J. und Johnson, W.E. (2005) *Annu. Rev. Genomics Hum. Genet.*, **6**, 407.

39 Hunter, L.T.B. (2012) *Oryx*, **47**, 19.

40 Farhadinia, M. *et al.* (2012) *J. Arid Environ.*, **87**, 206.

41 Pershing, A.J., Christensen, L.B., Record, N.R., Sherwood, G.D. und Stetson, P.B. (2010) *PLoS ONE*, **5**, e12444.

42 Lavery, T.J. *et al.* (2010) *Proc. R. Soc. B*, **277**, 3527.

43 Nicol, S. *et al.* (2010) *Fish Fisher.*, **11**, 203.

44 Loss, S.R., Will, T. und Marra, P.P. (2013) *Nat. Commun.*, **4**, 1396.

45 Wooldridge, S.A. (2010) *BioEssays*, **32**, 615.

46 Carassou, L. *et al.* (2013) *PLoS One*, **8**, e60564.

47 Mumby, P.J. und Harborne, A.R. (2010) *PLoS One*, **5**, e8657.

48 Hughes, T.P. *et al.* (2012) *Curr. Biol.*, **22**, 736.

49 Perry, C. *et al.* (2013) *Nat. Commun.*, **4**, 1402.

50 Bridge, T.C.L., Hughes, T.P., Guinotte, J.M. und Bongaerts, P. (2013) *Nat. Clim. Change*, **3**, 528.

51 Bowles, S. (2011) *Proc. Natl. Acad. Sci. USA*, **108**, 4760.

52 Bowles, S. und Choi, J.K. (2013) *Proc. Natl. Acad. Sci. USA*, **110**, 8830.

53 Willcox, G. und Stordeur, D. (2012) *Antiquity*, **86**, 99.

54 Riehl, S. (2014) Der lange Weg zur Landwirtschaft. *Spektrum der Wissenschaft*, 64–68, www.spektrum. de/alias/neolithisierung-i/der-lange-weg-zur-landwirtschaft/1224872.

55 Crawford, D. (2007) *Deadly Companions: How Microbes Shaped our History*, Oxford University Press.

56 Periyannan, S. *et al.* (2013) *Science*, **341**, 786.

57 Saintenac, C. *et al.* (2013) *Science*, **341**, 783.

58 Bebber, D.P., Ramotowski, M.A.T. und Gurr, S.J. (2013) *Nat. Clim. Change*, **3**, 985.

59 Fisher, M.C. *et al.* (2012) *Nature*, **484**, 186.

60 Cooke, D.E.L. *et al.* (2012) *PLoS Pathogens*, **8**, e1002940.

61 Yoshida, K. *et al.* (2013) *eLife*, **2**, e00731.

62 Crane, P. (2013) *Ginkgo: The Tree that Time Forgot*, Yale University Press.

63 Deinet, S., Ieronymidou, C., McRae, L., Burfield, I.J., Foppen, R.P., Collen, B. und Böhm, M. (2013) Wildlife comeback in Europe: The recovery of selected mammal and bird species. Final report to Rewilding Europe by ZSL, BirdLife International and the European Bird Census Council. ZSL 2013. Gratis-Download in PDF-Format:

http://static.zsl.org/files/wildlife-comeback-ineurope-the-recovery-of-selected-mammal-and-bird-species-2576.pdf.

64 Hansen, M. *et al.* (2013) *Science*, **342**, 850.

65 Hansen, M. *et al.* (2013) Interaktive Weltkarte: http://earthenginepartners.appspot.com/science-2013-global-forest, letzter Zugriff: 5. April 2014.

66 Boyd, I.L. *et al.* (2013) *Science*, **342**, 1235773.

67 Fisher, M. *et al.* (2012) *Nature*, **484**, 186.

68 De Frenne, P. *et al.* (2013) *Proc. Natl. Acad. Sci. USA*, **110**, 18561.

69 Nichols, W.J. (2014) *Blue Mind*, Little, Brown, www.amazon.co.uk/Blue-Mind-Happier-Connected-Better/dp/1408704862/.

70 Webb, E.L. *et al.* (2014) *Global Environ. Change*, doi:10.1111/geb.12140/abstract.

71 Kirwan, M. und Megonigal, P. (2013) *Nature*, **504**, 53.

72 Temmerman, S. *et al.* (2013) *Nature*, **504**, 79.

73 EEA (2013) Balancing the future of Europe's coasts, http://www.eea.europa.eu/publications/balancing-the-future-of-europes.

74 Koskella, B. *et al.* (2011) *Am. Natural.*, **177**, 440.

75 Gómez, P. und Buckling, A. (2011) *Science*, **332**, 106.

76 Huberman, A. und Niell, C. (2011) *Trends Neurosci.*, **34**, 464.

77 Jacobs, G.H., Williams, G.A., Cahill, H. und Nathans, J. (2007) *Science*, **315**, 1723.

78 Hawrylycz, M. *et al.* (2011) *PLoS Comput. Biol.*, **7**, e1001065.

79 Maier, N. *et al.* (2011) *Neuron*, **72**, 137.

80 Kammerer, A. *et al.* (2013) *J. Comput. Neurosci.*, **34**, 125–136.

81 Logothetis, N.K. *et al.* (2012) *Nature*, **491**, 547.

82 Hebert, P.D.N. *et al.* (2003) *Proc. Royal Soc. B*, **270**, 313.

83 Sourakov, A. und Zakharov, E.V. (2011) *Comp. Cytogen.*, **5**, 191.

84 Lane, N. (2009) *Nature*, **462**, 272.

85 CBOL Plant Working Group (2009) *Proc. Natl. Acad. Sci. USA*, **106**, 12794.

86 Hollingsworth, P.M. *et al.* (2011) *PLoS ONE*, **6**, e19254.

87 Schoch, C.L. *et al.* (2012) *Proc. Natl. Acad. Sci. USA*, **109**, 6241.

88 Bird, C.D. und Emery, N.J. (2009) *Curr. Biol.*, **19**, 1410.

89 Raby, C.R., Alexis, D.M., Dickinson, A. und Clayton, N.S. (2007) *Nature*, **445**, 919.

90 Cheke, L.G. und Clayton, N.S. (2012) *Biol. Lett.*, **8**, 171–175.

91 Steck, K., Wittlinger, M. und Wolf, H. (2009) *J. Exp. Biol.*, **212**, 2893.

92 Wittlinger, M. *et al.* (2006) *Science*, **312**, 1965.

93 Buehlmann, C. *et al.* (2012) *Curr. Biol.*, **22**, 645.

94 Buehlmann, C. *et al.* (2012) *PLoS ONE*, **7**, e33117.

95 Gegear, R.J. *et al.* (2010) *Nature*, **463**, 804.

96 Kruuk, H. (2003) *Niko's Nature: The Life of Niko Tinbergen and his Science of Animal Behaviour*, Oxford University Press.

97 Zeil, J. (2012) *Curr. Op. Neurobiol.*, **22**, 285.

98 Steck, K., Hansson, B.S., und Knaden, M. (2011) *J. Exp. Biol.*, **214**, 1307.

99 Collett, M. (2012) *Curr. Biol.*, **22**, 927.

100 Moustafa, A., Beszteri, B., Maier, U.G., Bowler, C., Valentin, K. und Bhattacharya, D. (2009) *Science*, **324**, 1724.

101 Dagan, T. und Martin, W. (2009) *Seeing green and red in diatom genomes. Science*, **324**, 1651–1652.

102 Armbrust, E.V. (2009) *Nature*, **459**, 185.

103 Allen, A.E., Dupont, C.L., Oborník, M., Horák, A., Nunes-Nesi, A., McCrow, J.P. Zheng, H., Johnson, D.A., Hu, H., Fernie, A.R. und Bowler, C. (2011) *Nature*, **473**, 203.

104 Tirichine, L. and Bowler, C. (2011) Decoding algal genomes: Tracing back the history of photosynthetic life on Earth. *Plant J.*, **66**, 45–57.

105 Smetacek, V. *et al.* (2012) *Nature*, **487**, 313.

106 Marchetti, A., Parker, M.S., Moccia, L.P., Lin, E.O., Arrieta, A.L., Ribalet, F., Murphy, M.E.P., Maldonado, M.T. und Armbrust, E.V. (2009) *Nature*, **457**, 467.

107 Marchetti, A., Schruth, D.M., Durkin, C.A., Parker, M.S., Kodner, R.B., Berthiaume, C.T., Morales, R., Allen, A.E. und Armbrust, E.V. (2012) *Proc. Natl. Acad. Sci. USA*, **109**, E317.

108 Kröger, N., Lorenz, S., Brunner, E. und Sumper, M. (2002) *Science*, **298**, 584.

109 Sumper, M. und Brunner, E. (2006) *Adv. Funct. Mat.*, **16**, 17.

110 Scheffel, A., Poulsen, N., Shian, S. und Kröger, N. (2011) *Proc. Natl. Acad. Sci. USA*, **108**, 3175.

111 Richthammer, P., Börmel, M., Brunner, E. und van Pée, K.-H. (2011) Biomineralization in diatoms: The role of silacidins. *Chembiochem*, **12**, 1362.

112 Sandhage, K.H. (2010) *JOM*, **62**, 32–43.

113 Gale, D.K., Gutu, T., Jiao, J., Chang, C.-H. und Rorrer, G.L. (2009) *Adv. Funct. Mater.*, **19**, 926.

114 Gale, D.K., Jeffryes, C., Gutu, T., Jiao, J., Chang, C.-H. und Rorrer, G.L. (2011) *J. Mater. Chem.*, **21**, 10658–10665.

115 Fang, Y., Chen, V.W., Cai, Y., Berrigan, J.D., Marder, S.R., Perry, J.W. und Sandhage, K.H. (2012) *Adv. Funct. Mater.*, **22**, 2550.

116 De Martino, A., Bartual, A., Willis, A., Meichenin, A., Villazán, B.,

Maheswari, U. und Bowler, C. (2011) *Protist*, **162**, 462.

117 Milucka, J. *et al.* (2012) *Nature*, **491**, 541.

118 Pfeffer, C. *et al.* (2012) *Nature*, **491**, 218.

119 Risgaard-Petersen, N. *et al.* (2012) *Geochim. Cosmochim. Acta*, **92**, 1.

120 Jorgensen, S.L. *et al.* (2012) *Proc. Natl. Acad. Sci. USA*, **109**, E2846.

121 Rücklin, M. *et al.* (2012) *Nature*, **491**, 748.

122 Seritrakul, P. *et al.* (2012) *FASEB J.*, **26** (12), 5014–5024.

123 Prochazka, J.S. *et al.* (2010) *Proc. Natl. Acad. Sci. USA*, **107**, 15497.

124 Gomes Rodrigues, H. *et al.* (2011) *Proc. Natl. Acad. Sci. USA*, **108**, 17355.

125 Shubin, N. (2011) *Der Fisch in uns: Eine Reise durch die 3,5 Milliarden Jahre alte Geschichte unseres Körpers*, Fischer Taschenbuch.

126 Shubin, N.H. *et al.*. (2014) *Proc. Natl. Acad. Sci. USA*, **111**, 893.

127 Amemiya, C.T. *et al.* (2013) *Nature*, **496**, 311.

128 Metcalfe, C.J., Filée, J., Germon, I., Joss, J. und Casane, D. (2012) *Mol. Biol. Evol.*, **29**, 3529.

129 Howe, K. *et al.* (2013) *Nature*, **496**, 498.

130 Kettleborough, R.N.W. *et al.* (2013) *Nature*, **496**, 494.

131 Nishio, S.I. *et al.* (2012) *Mol. Endocrinol.*, **26**, 1316–1326.

132 Liberles, D.A. (Hrsg.) (2007) *Ancestral Sequence Reconstruction*, Oxford University Press.

133 Williams, T.A., Foster, P.G., Cox, C.J. und Embley, T.M. (2013) *Nature*, **504**, 231.

134 Bowler, C. *et al.* (2008) *Nature*, **456**, 239.

135 Schönknecht, G. *et al.* (2013) *Science*, **339**, 1207.

136 Matsuzaki, M. *et al.* (2004) *Nature*, **428**, 653.

137 Quin, J. *et al.* (2010) *Nature*, **464**, 59.

138 Schloissnig, S. *et al.* (2013) *Nature*, **493**, 45.

139 Markle, J.G.M. *et al.* (2013) *Science*, **339**, 1084.

140 Fei, N. und Zhao, L. (2013) *ISME J.*, **7**, 880.

141 Liou, A. *et al.* (2013) *Sci. Transl. Med.*, **5**, 178ra41.

142 Oke, M. *et al.* (2008) *Angew. Chem. Int. Ed.*, **47**, 7853.

143 McDonald, R.E. *et al.* (2009) *PLOS One*, **4**, e5726.

144 Vance, S.J. *et al.* (2013) Resonance assignments for latherin, a natural surfactant protein from horse sweat. *Biomol. NMR Assign.*, 1–4, doi:10.1007/s12104-013-9485-3.

145 Vance, S.J. *et al.* (2013) *J. R. Soc. Interf.*, **10**, Nr. 20130453, http://eprints.gla.ac.uk/81640/.

146 Khalesi, M. *et al.* (2012) *Cerevisia*, **37**, 3.

147 Grandin, T. (2002) *Evolution and Cognition*, **8**, 241–248.

148 Teufel, C., Clayton, N.S. und Russell, J. (2013) *J. Cogn. Devel.*, **14**, 203.

149 Cheke, L.G., Loissel, E. und Clayton, N.S. (2012) *PLoS One*, **7**, e40574.

150 Correia, S.P.C., Dickinson, A. und Clayton, N.S. (2007) *Curr. Biol.*, **17**, 856.

151 Auersperg, A.M. *et al.* (2012) *Curr. Biol.*, **22**, R903.

152 Gergely, A. *et al.* (2013) *PLoS One*, **8**, e72727.

153 Pierce, J. und Bekoff, M. (2012) *Soc. Just. Res.*, **25**, 122.

154 Clay, Z. und de Waal, F. (2013) *Proc. Natl. Acad. Sci USA*, **110**, 18121.

155 Borchard-Tuch, C. und Groß, M. (2003) *Was Biotronik alles kann*, Wiley-VCH Verlag GmbH.

156 Akiyama, Y. *et al.* (2012) *PloS One*, **7**, e38274.

157 Schmickl, T. *et al.* (2013) in *Biomimetics and Biohybrid Systems*, Springer, S. 441.

158 Wilson, S.P. (2013) in *Biomimetics and Biohybrid Systems*, Springer, S. 450.

159 Hill, S.L., Wang, Y., Riachi, I., Schürmann, F. und Markram, H. (2012) *Proc. Natl. Acad. Sci. USA*, **109**, E2885.

160 P. Ehrlich und A. Ehrlich (2013) *Proc. R. Soc. B*, **280**, 20122845.

161 B. Schellenberger Costa, A. Jungandreas, T. Jakob, W. Weisheit, M. Mittag, C. Wilhelm (2013) Blue light is essential for high light acclimation and photoprotection in the diatom *Phaeodactylum tricornutum*. *J. Exp. Bot.*, **64** (2), 483–493.

Stichwortverzeichnis

Baumwolle, 119
Bausteine des Bewusstseins, 202
Bebber, Dan, 15, 95
Beifang, 69
Bekoff, Marc, 205
Belgien, 120
Belize, 46
Berenbaum, May, 18, 23
Besitzrechte, 87
Bessudo, Sandra, 31
beta-Galactosidase, 188
Betain, 188
Beuteltier, 61
Bewusstsein, 146, 210
Bewusstsein bei Tieren, 201–206
Biber, 105, 106
Biene, 17–26, 56
Bienenstaat, 212
Billen, Gilles, 38
Biofilm, 163
biogeochemische Kreisläufe, 35
Biohybrid, 211
Biokraftstoff, 116, 164
Biologie, 4, 5
Biomimetik, 211
Bioschaum, 195
Biotop, 49, 119
Bird, Christopher, 145
Blair, Tony, 74
Blattschneiderameise, 149
Blauwal, 69
Blue Brain, 214
Blütenpflanze, 100
Bogaard, Amy, 89
Bohrkern, 168
Bombus hypnorum, 21
Bombus terrestris, 23
Bonobo, 205
Borchard-Tuch, Claudia, 209
Bork, Peer, 190
Borlaug, Norman, 94
Bosch, Carl, 35
Botanik, 9
Bouwman, Lex, 37
Bowler, Chris, 156

Bowles, Samuel, 86
Brandrodung, 45
Brasilien, 112, 114
Braunbär, 52
Brown, Gordon, 75
Brunner, Eike, 162, 163
Brutwert, 58
Buckelwal, 69
Buckling, Angus, 129
Buddhismus, 101
Bühlmann, Cornelia, 149
Bundesregierung, 41

C

Calisto, 138
Callow, Jim, 164
Cameron, James, 165
Campregher, Christoph, 144
Carassou, Laura, 81
Carbonat, 83
Carter, Jimmy, 219
Cataglyphis noda, 149
 – *Cataglyphis*, 147
Cayes, Sapodilla, 46
CCAP (Insektenhormon), 212
Channelrhodopsine, 131
Cheke, Lucy, 145
Chemie, 3
Chemosynthese, 165
China, 100
chinesische Medizin, 63
Chitin, 161
Chloroplast, 140, 154
Choi, Jung-Kyoo, 87
Cholera, 128
Cholera-Toxin, 128
Cigliano, John, 46
Cingulum, 161
Clay, Zanna, 205
Clayton, Nicola, 143–146, 203, 204
Clostridium difficile, 193
Clothianidin, 18
Club of Rome, 219
Cochlea-Implantat, 211
Collett, Matthew, 151
Colony Collapse Disorder, 17

Harnstoff-Zyklus, 181
Hauskatze, 71
Hefe, 6
Heliophobius argenteocinereus, 175
Henry, Mickael, 22
Herbarien, 15
Herzschrittmacher, 211
Hippocampus, 25, 134
Hirnforschung, 131
Hochwasserschutz, 120
Hörprothese, 211
Holozän, 82, 217
Homöobox-Gene, 181
horizontaler Gentransfer, 185
Hormone, 191
Hornisse, 56
Hughes, Terry, 82
Humangenom-Projekt, 189–193
Humber, 121
Hummeln, 17
Hund, 204
Hunde-Psychologie, 204
Hungersnot, 93
Hurrikan Sandy, 118
Husarenaffe, 197
Hybridsystem, 209
Hydrophobin, 199
Hydrothermalschlot, 165, 168
Hypotheca, 160

I

IAEA, 94
iCub, 210
Imidacloprid, 22, 23
Indels, 190
Indien, 94
Indonesien, 112
Indophenol, 196
Initiator-Zahn, 174
Insel, 53
Interdisziplinäre Forschung, 11
Iran, 65, 88
Irland, 93, 97
Isis, 166
Istanbul, 51

ITS, 140
IUCN, 27, 59, 64

J

Jäger und Sammler, 85–92
Jaguar, 63
Japanischer Staudenknöterich, 59
Jerf el Ahmar, 88
JERICO, 122
Jørgensen, Steffen Leth, 168
Jürgens, Klaus, 52
Jute, 119

K

Känguru, 175
Kaffee, 25, 97
Kakao, 97
Kamel, 141
Kammerer, Axel, 135
Kanada, 178
Kaninchen, 56
Kaplan, Lee, 192
Karibik, 81, 83
Kars-Region, 53
Kartoffel, 97
Katalysator, 161
Katze, 61–66
Katzenartige
– Evolution, 61
Katzenkolonie, 73
Kaukasus, 53
Kenia, 94
Kennedy, Malcolm, 195
Kenyonzellen, 26
Kernkraft, 221
Kieferknochen, 172
Kiefermäuler, 172
Kieselalge, 68, 153–164, 186
Kieselgur, 153, 162
Kinderkrankheiten, 90
King, David, 32
Kinyua, Miriam, 94
Klima, 8
Klimakatastrophe, 166
Klimakonferenz, 29
Klimaschutz, 67

Pflanzenschädling, 93–98
Phaeodactylum tricornutum, 155, 164
 – *Phaeodactylum*, 186
Phage, 114, 127–130
Phagentherapie, 127
Phoenizier, 91
Phosphor, 39
Photolumineszenz, 163
Photosynthese, 154
Physik, 3
Physiologie, 128
Phytophthora infestans, 93
Picorna-Viren, 18
Pilz, 137, 195
Pilzinfektion, 113
Pilzkörper, 22, 26
Pilzkrankheit, 96
Pinobanksin-5-Methylester, 23
Pinocembrin, 23
Placodermi, 172
Plasmid, 186
Plastikmüll, 121
Plattenhäuter, 172
PLUNC-Protein, 198
Pointeau, Gregoire, 210
Polydimethylsiloxan, 211
Polypedates leucomystax, 195
Polysulfide, 166
posttranslationale Modifikation, 196
Pottwal, 67
Poulsen, Nicole, 164
Primer, 140
Protein, 161
Proteinbiosynthese, 137
Proteinstruktur, 196
Protokoll von Montreal, 222
Pseudomonas syringae, 129
Pseudo-nitzschia multiseries, 155
Psychologie, 143, 223
Psychophysik, 132
Puccinia graminis, 94
Pyramidenzelle, 135

Q
Quastenflosser, 99, 179–181
Quecksilber, 187

Quervernetzung, 196
Quiandao-See, 54

R
Rabenvogel, 145, 203
Raine, Nigel, 23
Rambert Dance Company, 143
Ranasmurfin, 196
Ranaspumine, 197
Random Dance, 143
Raphe, 156, 164
Ratte, 54, 214
Raubtier, 49, 52, 61
Reagan, Ronald, 219
REDD+, 31
Redoxchemie, 169
Redoxreaktion, 165
Reduktionismus, 4
Rees, Martin, 217
Regenwald, 28, 112, 114
Reis, 97
Renaissance, 222
Resistenzgen, 94
Ressource, 27
Rewilding Europe, 104
ribosomale RNA, 18, 168
Riehl, Simone, 88
Rinder-Tuberkulose, 74
Ripples, 134
Risgaard-Petersen, Nils, 167
RNA, 39
Roboter, 7, 210
Rockström, Johan, 36
Römisches Reich, 220
Rohstoff, 219
Romantik, 111
Rorrer, Gregory, 163
Rosskastanie, 59, 129
Rosskastanienminiermotte, 59
Rotalge, 185–188
rote Blutkörperchen, 5
Rote Liste, 27, 64
Rot-Grün-Blindheit, 131
Rothaargebirge, 103
Roura-Pascual, Núria, 57